深圳地铁
SHENZHEN METRO 四期工程建设技术创新与实践系列丛书

地下大型 V 形柱
空间结构体系施工关键技术

KEY TECHNOLOGIES FOR CONSTRUCTION OF
UNDERGROUND LARGE V-SHAPED COLUMN
SPATIAL STRUCTURE SYSTEM

丁加亮　主　编

丁慧文　刘艳萍　孟树红　严仁章　副主编

人民交通出版社
北京

内 容 提 要

本书针对地下大型 V 形柱空间结构体系在施工过程中存在施工空间狭小、控制难度大、结构体系转换次数多且受力复杂等难题，依托深圳黄木岗综合交通枢纽实际工程，跟踪 V 形柱的吊装、定位、拼装，以及结构体系转换等关键施工环节，系统开展地下 V 形柱空间结构施工关键技术研究。研究重点包括：系统梳理了地下 V 形柱空间结构的受力特点及其影响因素；深入探讨了三维拼装误差对 V 形柱结构受力性能的影响，并运用概率统计理论建立了基于可靠度分析的拼装精度控制标准；创新研发了适应地下狭小空间作业的 V 形柱辅助定位装置，并提出了相应的精准拼装成套技术；构建了结构体系转换全过程自动监控系统，高效实现施工力学状态实时感知与预警。

本书兼具理论深度与实践价值，可供土木工程领域从事地下空间结构设计、施工技术研究的专业人员参考学习，同时可作为高等院校土木工程专业研究生教学参考用书及本科生拓展性学习资料。

图书在版编目（CIP）数据

地下大型 V 形柱空间结构体系施工关键技术 / 丁加亮主编. — 北京：人民交通出版社股份有限公司, 2025.
6. — ISBN 978-7-114-20314-5

Ⅰ. TU94

中国国家版本馆 CIP 数据核字第 2025UD6326 号

Dixia Daxing V Xing Zhu Kongjian Jiegou Tixi Shigong Guanjian Jishu

书　　名：地下大型 V 形柱空间结构体系施工关键技术
著 作 者：丁加亮
责任编辑：高鸿剑
责任校对：赵嫒嫒　魏佳宁
责任印制：张　凯
出版发行：人民交通出版社
地　　址：（100011）北京市朝阳区安定门外外馆斜街 3 号
网　　址：http://www.ccpcl.com.cn
销售电话：（010）85285857
总 经 销：人民交通出版社发行部
经　　销：各地新华书店
印　　刷：北京建宏印刷有限公司
开　　本：787×1092　1/16
印　　张：8.25
字　　数：167 千
版　　次：2025 年 6 月　第 1 版
印　　次：2025 年 6 月　第 1 次印刷
书　　号：ISBN 978-7-114-20314-5
定　　价：88.00 元

（有印刷、装订质量问题的图书，由本社负责调换）

编 委 会

　　V 形柱凭借其造型优美、受力合理的特点，备受土木工程师的青睐，近年来在大型体育场馆、会展设施、枢纽站房以及高层建筑等众多重要建筑中得到广泛应用。随着我国地下空间结构的迅猛发展，V 形柱因其卓越的结构性能，开始在地下空间结构领域得到推广运用。以 V 形柱为主要受力体系的地下空间结构，与传统框架结构相比，能够显著增强地下结构的跨越能力，提升结构空间的利用率，有效降低结构整体的水平侧移。同时，V 形柱灵动的空间线形，也大幅提高了地下空间结构的室内观赏性。深圳黄木岗综合交通枢纽首次将 V 形柱应用于大型地下车站站房中，取得了良好的效果。本书依托该项目，围绕地下大型 V 形柱空间结构体系在施工过程中普遍面临的施工空间受限、施工精度控制难度大、结构体系转换次数多且受力复杂等问题，从地下大型 V 形柱空间结构体系的受力特点，V 形柱的高精度制作、安装、定位与吊装技术以及地下空间结构体系转换与监控技术等方面展开研究。研究成果为地下大型 V 形柱空间结构体系的精准化施工，奠定了坚实的理论和实践基础。

　　全书共 8 章，各章内容紧密围绕地下大型 V 形柱空间结构体系研究展开。其中，第 1 章为绪论，介绍 V 形柱的概念及其在各类工程中的应用现状，着重剖析 V 形柱在设计与施工环节中的重点和难点问题，为后续研究奠定基础。第 2 章聚焦地下大型 V 形柱结构体系的受力特点分析，深入揭示该结构在竖向荷载及水平土压力等不同作用下的内力分布模式。第 3 章针对地下 V 形柱的高精度制作方法和安装吊装技术开展深入研究，提出了一套适用于地下 V 形柱分段精准拼装的施工方法和控制技术，为实际施工提供技术支撑。第 4 章基于第 3 章提出的施工控制方法，运用确定性与随机性分析方法，探讨 V 形柱拼装误差对地下空间结构体系受力性能的具体影响规律，考量施工误差对结构性能的作用。第 5 章在第 3、4

章的基础上，进一步考虑误差的随机性和组合性，基于拼接节点误差随机性分析结果以及工程结构可靠度理论，确定地下空间结构拼接误差限值，为施工误差控制提供量化标准。第 6 章提出了一套适用于地下 V 形柱空间结构体系的转换方案，并通过有限元计算，验证了结构转换方案的可行性与安全性，确保方案在实际应用中的可靠性。第 7 章是在第 6 章提出的结构体系转换方案基础上，建立了一套地下大型 V 形柱结构体系转化过程专用监测方案，布置测量智能机器人开展自动化监测，从而揭示地下 V 形柱空间结构在体系转化过程中的位移和内力变化规律，实时掌握结构转换状态。第 8 章对前述各章重点研究内容进行了归纳总结，并从计算理论、新型智能建造技术与材料发展等方面讨论了未来地下 V 形柱空间结构体系的可能发展方向。

本书由丁加亮、丁慧文、刘艳萍、孟树红、严仁章等编写，裴超、王锡锋、靳涛、郭双喜、斯春梅、范冰、向智强等参加审稿。本书主要编写分工如下：第 1 章由丁加亮、刘艳萍编写，第 2 章由丁慧文、严仁章编写，第 3 章由丁慧文、孟树红编写，第 4 章由严仁章编写，第 5 章由刘艳萍、严仁章编写，第 6 章由丁加亮编写，第 7 章由孟树红编写。在本书编写过程中，得到了中铁隧道局集团有限公司、中铁隧道集团三处有限公司、重庆交通大学等单位的大力支持和帮助，中铁隧道集团三处有限公司提供了工程一线资料。在此向所有编审人员的辛勤付出表示衷心感谢！

由于笔者水平有限，书中难免有不当之处，恳请读者批评指正。

编　者
2025 年 3 月

CONTENTS

目 录

第 **1** 章

绪　　论

1.1 V 形柱的概念

在建筑工程行业不断发展的当下,人们对建筑的要求不再局限于安全性、适用性与耐久性,美观与环保也逐渐成为重要考量因素。在这样的趋势下,越来越多的新型构件与建筑形式被广泛应用于实际工程。V 形柱建筑以其新颖的建筑立面造型和独特的视觉冲击效果,深受建筑设计师的喜爱,自 21 世纪初,V 形柱就逐渐被应用于高层建筑和大型体育场。同时,V 形柱作为一种新型支撑体系,在建筑结构设计中常被用作支撑柱,以增加结构抗侧刚度、减小结构变形并增加其美观性及安全性。在实际工程中,V 形柱多采用钢筋混凝土作为主要结构材料,且常采用钢骨架或先绑扎钢筋再浇筑混凝土的施工工艺,但较少采用钢结构形式。V 形钢柱与普通混凝土柱通过销轴式万向铰支座进行连接,其节点形式新颖、受力复杂、施工难度大[1]。由于 V 形柱具有尺寸大、高度高及倾角变化多等特点,其结构形式以及受力性能较为复杂。V 形柱典型的结构示意图如图 1-1

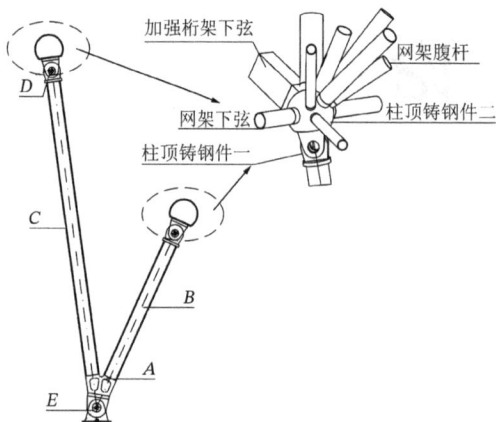

图 1-1 V 形柱结构示意图

所示,其中,*A*点为 V 形柱底点,*B*、*C*点为 V 形柱中点,*D*点为 V 形柱顶点,*E*点为支座底板中心点。

作为高层建筑结构关键的转换构件,V 形柱承受着其上部结构传递下来的巨大竖向荷载。为充分满足转换结构的内力要求,V 形柱的跨度通常数倍于上部结构的跨度,同时配备较大的截面尺寸。凭借这些特性,V 形柱能够赋予转换结构足够的刚度与强度,进而在框架-抗震墙体系和框架-筒体体系中被广泛应用。与传统梁式转换结构相比,V 形柱式转换结构具有传力路径短且传力直接、明确的特点。同时,V 形柱凭借其别致的造型和优美的线条,为现代高层建筑增添了别具一格的艺术魅力[2]。

1.2 V 形柱的国内外研究现状

1.2.1 V 形柱工程应用现状

1)V 形柱在地上空间的工程应用

V 形柱凭借其出色的结构性能和极具美感的外形,在建筑领域脱颖而出。在理论分析、结构试验以及施工技术等多方面研究成果的指导下，它已成功应用于国内外 20 余项大型与超大型建筑工程中，具体情况见表 1-1。

V 形柱工程应用情况   表 1-1

序号	工程名称	结构布置情况	照片	特色	建成时间（年）	建设地点
1	安徽国际会展中心	室内展厅面积 49500m²；东西两立面各悬挑 12m 和 20m，设计竖向结构为 ϕ500mm 无缝钢管（壁厚 25mm）焊接而成的 V 形钢柱			2002	中国安徽
2	南京奥体中心科技中心	主体结构由对称的两个矩形结构组成，通过一系列空中连廊将这两个结构连为整体，下部结构采用 8 个 V 形柱和托梁来支承上部结构			2005	中国江苏
3	南京奥体中心主体育场	建筑面积约 14 万 m²；屋面钢箱梁及斜钢拱分别通过 V 形撑与屋面大环梁相连；所有 V 形撑均通过销接的方式与屋面大环梁中的预埋铸钢件固定			2005	中国江苏
4	太原武宿国际机场 T2 航站楼	航站楼钢结构主要由网架及下部支撑钢管柱组成，用钢量约 24000 t；室外斜柱及中庭位置的 2 根直柱需通过 V 形撑与楼层结构相连，V 形撑最大板厚为 160mm，材质为 Q420B，为特厚板，共计 200 件			2008	中国山西
5	国家网球馆"钻石球场"	建筑最大高度约 46m，总建筑面积约 51199m²；主体建筑平面呈圆形，局部地下 1 层，地上共 8 层，主要采用钢筋混凝土框架结构体系。沿径向布置 48 榀框架，外立面布置 16 组 V 形柱，各榀环向框架、径向框架与立面 V 形柱共同构成抗侧力体系			2011	中国北京

序号	工程名称	结构布置情况	照片	特色	建成时间（年）	建设地点
6	加拿大曼尼托巴大学艺术实验楼	建筑面积 6300m²，V 形柱不仅支撑了新建筑结构，还通过与地面以下的连接桥相结合，将艺术实验室与 Tache 大楼的上层空间连接起来，这种设计使得两个建筑之间能够实现更紧密的互动，同时增强了庭院的活跃性和功能性			2012	加拿大曼尼托巴
7	加蓬国家体育场	整个罩棚分别由拱形钢架、环梁、V 形柱和螺栓球网架组成，钢拱拱脚及 V 形柱柱脚落地，与基础相连；整个罩棚与看台结构脱离，形成独立受力体系			2012	加蓬利伯维尔
8	金华市体育中心	建筑平面形状呈鹅蛋形，建筑面积 26981.7m²；2 层结构平面以上部分为屋面高大双曲面环形梁，下为钢筋混凝土桁架支撑，桁架斜柱呈 V 形			2013	中国浙江
9	东平体育会展中心	屋盖网架由沿周边布置的 29 组 V 形柱支承，所有 V 形柱随建筑立面的变化而变化，均为空间斜柱，且倾斜方向及角度不尽相同；V 形柱最大倾斜角度为 47°，最大长度为 31m			2014	中国山东
10	福州海峡奥体中心体育场	本工程共有 68 根 V 形柱（其中 62 根为十字型钢插柱），位于上层看台下方，顶部劲性环梁为上部钢罩棚结构的支座，超长混凝土看台支撑通过 V 形柱、劲性环梁及看台斜梁共同组成一个整体框架结构作为受力支撑体系。V 形柱由 2 根大小斜柱组成，尺寸分别为 1500mm×1050mm、800mm×800mm，大斜柱垂直高度 14.18m，小斜柱垂直高度 9.15m			2015	中国福建

序号	工程名称	结构布置情况	照片	特色	建成时间（年）	建设地点
11	江苏省科学历史文化中心	建筑面积 30977m²，中间光之厅 2 层为大跨度钢结构，8 榀钢管主桁架，由中间的异形蝴蝶柱和两端的 V 形斜柱支承，安装于 3.6m 高的混凝土楼面上			2015	中国江苏
12	西双版纳傣秀剧场	V 形柱沿剧院外围或核心区域对称布置，形成稳定的力学体系；还通过倾斜交错的形态形成动态视觉效果，与傣族传统建筑中的斜撑元素相呼应，体现民族特色与现代设计的融合			2015	中国云南
13	安顺体育中心	层高为 5.88m，标高 19.4m，高处共有 27 根 V 形混凝土柱，柱倾角 73.26°，在混凝土柱顶为混凝土环梁，该道环梁作为屋面钢结构网架的支承结构，环梁截面尺寸与柱宽度相同；V 形混凝土柱截面尺寸为 600mm×1000mm，混凝土设计强度等级为 C35，柱内配置 24 根 35mm 直径钢筋，柱斜向长度 14m			2015	中国贵州
14	南昌绿地国际博览中心	建筑屋面采用钢桁架结构，屋面桁架前端支承在 V 形柱上，中间和后端支承在钢筋混凝土主体上，2 层展厅区域楼面采用钢管柱与钢桁架结构相结合			2017	中国江西
15	平安金融中心	建筑面积约 46 万 m²；塔楼采用巨型钢斜撑外框架、劲性钢筋混凝土核心筒、伸臂钢桁架结构、空间带状桁架与角部 V 形撑体系相结合的结构形式。建筑 4 个角部的 V 形撑跨越多个楼层，两端分别连接巨柱和角桁架弦杆支座节点，承担角部竖向荷载并提高整体结构的抗侧刚度		中国第二高以及世界第四高的建筑	2017	中国深圳

续上表

序号	工程名称	结构布置情况	照片	特色	建成时间（年）	建设地点
16	西咸青年创业园	1 号楼为地上 4 层,地下 1 层,屋面结构高度为 21.3m,总建筑面积 6467.6m²;4 号楼为健身娱乐中心,V 形撑位于 4 号楼东侧与 5 号楼相接处,跨高 2 层,6 号楼为酒店式公寓,钢支撑位于 5 号楼与 6 号楼连接通道处,总体为 V 形;下部埋件位于车库混凝土柱中,上部埋件位于 6 号楼 2 层梁中			2019	中国陕西
17	南阳东站	建筑面积约 5 万 m²;车站钢结构主要包括站前大型 V 形柱及 V 形柱间横梁、型钢柱、屋盖大跨桁架及天桥钢结构,站前大型 V 形柱及 V 形柱间横梁采用四边形管桁架,管桁架截面主要为φ180mm×10mm~φ700mm×30mm,材质 Q345B			2019	中国河南
18	西安奥体中心主体育场	建筑面积约 11 万 m²;本工程采用空间钢桁架结构,通过 V 形十字柱与下方覆盖的看台观众席连接。V 形劲性钢柱分布于钢罩棚外围,共计 28 个 V 形柱用以支承 28 个钢罩棚典型单元			2020	中国陕西
19	汾湖文体中心	因建筑空间布置和造型的需要,西侧 1 层端部采用 4 组 V 形柱以支撑 2 层的双排柱,V 形柱倾角 56°,其截面尺寸为 1m×1m,被支撑柱截面为 700mm×700mm,两种柱均为型钢混凝土柱,相应区域主梁为型钢混凝土梁			2021	中国江苏
20	卢赛尔体育场	建筑面积约 16 万 m²;外立面结构由主体钢结构和屋面索膜结构组成;主体钢结构由 24 段压环、48 榀 V 形柱及 V 形柱间幕墙填充桁架组成		全球最大跨度的双层索网屋面单体建筑	2021	卡塔尔多哈

序号	工程名称	结构布置情况	照片	特色	建成时间（年）	建设地点
21	阿尔及利亚奥兰体育场	整个体育场工程共有 72 根, 长 10m 或 12m, 倾角分别为 81°、64°的空间三维立体 V 形柱			2022	阿尔及利亚奥兰

2）V 形柱在地下空间的首次工程应用

V 形柱凭借其优秀的结构性能，不仅被广泛应用于大型体育场和高层建筑，也在地下空间结构中发挥着重要作用。地下结构中应用 V 形柱能够有效增大结构跨度，提升空间利用率，同时可以减小水平侧移，增强整体结构美观性。车站断面效果、内部效果以及结构效果分别如图 1-2～图 1-4 所示。

图 1-2　车站断面效果图

图 1-3　车站内部效果图

图 1-4　车站结构效果图

黄木岗综合交通枢纽在工程建设领域具有开创性意义，它是首个将V形柱应用于地下空间的工程结构。该枢纽站位于深圳市福田中心区东北部，坐落于笋岗西路、泥岗西路、华富路、华强北路的五岔路口交汇处。周边围绕着深圳市体育中心、市二医院、华富村以及实验中学等。从城市轨道交通布局来看，黄木岗综合枢纽站是深圳地铁7号线、14号线以及24号线的三线换乘枢纽。其建筑结构主要包括高架层、地面道路层、下穿隧道以及地下一层至地下四层。整个项目总建筑面积达14.5万 m^2，是城市的重要功能节点。黄木岗综合交通枢纽空间关系如图1-5所示。

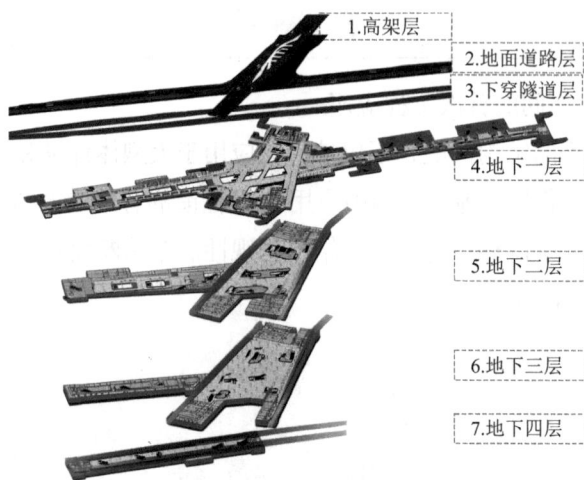

图 1-5 黄木岗综合交通枢纽空间关系

黄木岗综合交通枢纽为四层岛式车站，基坑长度418m，宽度40～62m，深度14.3～38.8m，围护结构采用1000mm（1200mm）地下连续墙，主体采用盖挖法施工。车站剖面图见图1-6。

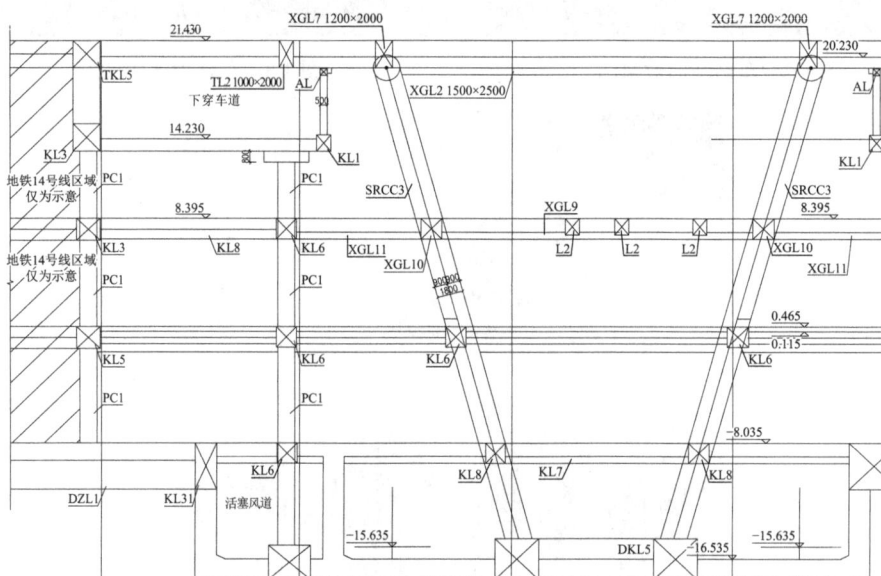

图 1-6 黄木岗综合枢纽站剖面图（尺寸单位：mm；标高单位：m）

地铁 24 号线部分沿笋岗西路地下敷设，黄木岗综合交通枢纽沿地铁 24 号线方向布设大型 V 形柱，与各层型钢梁形成永久框架体系。基坑宽度 40~62m，深度 14.3~38.8m，中间范围为地下四层结构，两端为地下两层结构，顶板位于地面，V 形柱呈鱼腹形布设在结构两侧。V 形柱采用十字型钢柱外包 C60 钢筋混凝土，直径达 1600mm，型钢柱单根最大长度可达 38.5m，重约 87t，与竖向所成夹角为 1.30°~13.05°，具有尺寸大、高度高以及倾角变化范围广等特点。V 形柱为十字型钢-混凝土组合柱，直柱为钢管-混凝土组合柱，梁为工字型钢-混凝土组合梁。

黄木岗综合交通枢纽工程重难点主要包括以下几个方面：

（1）地铁 24 号线结构采用盖挖逆作法施工，现场盖板以下的钢柱钢梁，均无法采用常规吊装机械及吊装施工。

（2）钢柱采用逆作法施工，这种方法目前国内极少应用。同时由于 V 形柱的不垂直特性，将给吊装作业带来很大的困难。

（3）由于采用逆作法施工，在进行钢柱节点与钢梁的加工连接时，如何保证钢柱安装的倾斜角度在设计和规范规定要求内，即 V 形柱的定位，成为安装过程中面临的难点之一。

（4）V 形柱内十字型钢柱钢板较厚，焊接要求高。钢板采用 50mm 和 60mm 两种规格钢板，如何在复杂情况下保证一级焊缝质量是施工面临的难点之一。

（5）V 形柱与主体结构的纵梁、横梁均存在连接关系，且倾斜角度不统一。由于本工程采用盖挖逆作法施工，施工各层板时需预留十字型钢柱节点。在此过程中，预留接头平面位置、与结构夹角及标高精准控制都将成为本工程面临的难点。

（6）V 形柱施工完成后，需采用伺服系统拆除临时结构柱，临时结构柱所承受的较大荷载会转换至 V 形柱体系。因此，在实施 V 形柱与临时柱结构体系转换时，顶板上方不能存在较大荷载。

为解决以上重难点问题，本工程采取了如下措施：

（1）与设备厂家联合到现场实地考察，研究适用于地下 V 形柱施工的机械设备。

（2）针对 V 形柱施工提前策划，选择合理可行的施工方案；中间段钢柱吊装采用叉车随车吊，既可以吊装又可以运输，如图 1-7 所示。

（3）首先在垫层上预埋定位钢板，V 形柱安装时进行全程测量定位，直至满足设计精度后，完成安装。

（4）场内加工要求型钢柱、型钢梁长缝采用机械焊接，节点处要求高级焊工进行焊接，焊接完成后先自检，对于不合格的位置进行返修，自检合格后报第三方检测，直至全部检测合格后为止；型钢梁、柱现场安装焊接缝

图 1-7　V 形柱吊装叉车随车吊

要求厂家安排高级焊工持证上岗，施焊前将焊接面打磨干净，确保无杂质，一次焊接成型，焊接完成后进行焊缝检测，不合格的部位进行返修。节点焊接如图 1-8 所示。

图 1-8　节点焊接

（5）V 形柱、型钢梁施工前，对施工图进行完善，确定每一层预留节点的位置，V 形柱预留节点要求设置水平截面，方便后续中间节连接，审核无误后生成加工图供厂家生产加工，加工过程中严格控制 V 形柱与型钢梁间的夹角。

（6）构建地下 V 形柱结构体系转换模型，模拟施工边界条件和施工组织，科学拟定顶升参数，保障结构施工和受力转换期间无开裂现象。

（7）在临时立柱及斜柱节点处，安装自动监测设备，自动监测顶升及板梁回落数值，确保受力符合设计要求，对结构受力和升降实施双控。

（8）依据当前进度情况，对地铁 24 号线东段 4 组 V 形柱先进行结构受力转换模拟试验，及时分析和总结受力转换施工过程中出现的问题，在大范围结构转换实施前，为设计人员提供现场真实数据，以便适当调整设计参数。

（9）制定合理的临时柱拆除施工组织专项方案，严格控制伺服系统顶升、卸荷参数；结合结构转换实施期间临时柱、V 形柱应力、应变的变化，动态调整顶升及卸荷逐级参数。

（10）临时柱自动伺服系统实施期间，暂停吊装作业或者利用夜间进行临时柱伺服作业，避免因动荷载影响结构安全。

（11）在自动伺服系统安装前，提前进行模拟，确保其控制及闭锁装置满足结构受力要求。

（12）确保立柱定位和安装精度、节点连接强度，在临时立柱卸载前，应确保 V 形结构柱与顶梁结构连接并达到设计强度。

1.2.2　V 形柱结构研究现状

随着我国城市轨道交通的迅猛发展，运营规模、客运量、在建线路长度以及规划线路长度均屡屡创下历史新高[3]。城市轨道交通日渐呈现出网络化、差异化的特点，地下结构也向着更大空间、更安全、更美观的方向不断发展。与传统地下结构柱相比，在地下结构中应用 V 形柱可增大结构跨度，提升空间利用率，同时还能减小水平侧移，增强整体结构的美观性。然而，从构造来看，V 形柱构件尺寸精度要求高、节点连接形式复杂、结构加工制作难度较大。V 形柱的加工主要包括铸钢件、支座节点以及钢杆的加工。同时，V 形柱的安装过程也极为困难。由于 V 形柱尺寸大，其节点重量较大，与钢管对接时，存在直径大、厚度厚、焊接量大等情况。因此，如何采用合理的焊接工艺来减小焊接变形和应力，成为保证焊缝质量的关键[1]。故而，在地下狭小空间内，大型 V 形柱的结构设计该如何开展、施工过程怎样进行控制，以及施工完成后如何检验是否达到预期目标，都是亟须解决的问题。

（1）结构力学性能研究现状

自 2000 年以来，斜柱逐渐在高层建筑和大型体育场中得到应用。V 形柱作为斜柱的一种，具有外倾且对称布置的特点。从现有的研究情况来看，国内外学者针对斜柱开展了一系列相关研究。

王永春等[4]以上海某棱形超高层筒中筒结构为研究对象，分析发现将翼框柱设为斜柱可改变楼层内力的分布和结构抗侧刚度。此时，位于内、外筒的腹板框架承担更大的内力，结构上部的刚度增加，下部的刚度减小。同时，该文献建议用型钢-混凝土柱替代外筒钢柱可以提高结构的刚度、承载力和延性。刘瑞军[5]分析了框架结构和框架-核心筒结构中的 V 形柱受力性能，通过对比 V 形柱式转换层和梁式转换层的框架结构受力与位移情况，发现相较于梁式转换，V 形柱转换层各构件的内力突变与层间位移减小幅度都较小，并且 V 形柱框架结构在转换层各构件弯矩的突变也较小。王文[6]利用有限元软件（Midas、Ansys 等）对斜柱进行研究，主要研究内容包括：对比两种不同斜柱截止方式结构模型的整体性能和关键构件内力，发现经由框架梁与框架柱间接连接的截止方式对结构的整体受力有利；分析框架-核心筒分别采用直柱和斜柱的结构整体性能以及斜柱顶部所在楼层的构件受力情况；对比四种调整方式，发现减小斜柱的截面是一种相对有效且有利于结构设计的优化方式。Hansapinyo 等[7]采用有限元方法对钢管混凝土斜柱在竖向循环荷载作用下进行了非线性分析，同时对 15 例 3 类倾角的钢管混凝土斜柱进行了试验。通过与试验结果对比，验证了有限元模型的正确性，从分析和试验结果来看，极限循环抗压强度随着倾角的增大而减小。不过，随着混凝土倾角的增大（0°~9°），极限荷载的减小幅度较小。王锦文等[8]以旋转斜柱框架-核心筒结构为研究对象，分析发现，结构设立斜柱相比设立直柱会使柱本身、核心筒、楼板和梁产生更复杂的受力情况，同时对楼板传递扭矩的能力及核心筒的抗扭能力有更高的要求。杨霄等[9]以某高层结构斜柱为分析对象，明确了连续变向且斜率不断变化的不同层楼盖结构的水平力分布规律，并对较大水平力的楼盖结构提出了相应的优化措施。最后通过模拟不同施工方案，对比不同构件的内力分布，从中选择最佳的施工顺序。

江韩等[10]结合理论分析及模型对比，研究了超高层框架斜柱的传力路径及其对整体结构的影响。研究表明：斜柱内倾能够减小斜柱的剪力，斜柱外倾会增大斜柱的剪力，倾角变化的斜柱会使所在楼层框架梁轴力增大。Hassan 等[11]对 30°、60° 及 90° 的 V 形结构钢筋混凝土柱的受力性能进行研究分析，结果表明：30° 的 V 形柱，不论何种混凝土类型，当试样达到极限荷载时均表现为压碎，而其他 V 形柱在试验过程中并未出现裂缝。随着 V 形柱倾角的增大，30°、60° 和 90° 的 V 形柱极限承载力分别降低了 24%、23% 和 20%。董一桥等[12]针对高烈度地震区某旋转斜柱框架-核心筒超限高层结构进行了设计分析。研究发现，竖向荷载在各层梁柱节点处产生水平力，该水平力通过梁板传递至核心筒，进而引发结构的整体扭转变形。针对关键构件，该研究设定了相应的性能目标，并采取了相应措施以增强结构的性能。贾天悦等[13]以某科技文化中心斜柱框架-剪力墙结构设计为案例，分析了与传统框架、剪力墙结构相比，当框架柱均为斜柱时结构受力的特殊差异。通过多种软件对比分析，得出结论：将斜柱根部作为重要节点，可通过实体元分析进行针对性加强。马艳等[14]对某地铁上盖建筑进行了原位动力测试，并应用有限元软件（SAP2000）建立了该结构的空间模型，进行了动力特性及静力弹塑性分析及弹性时程分析。结果表明：设置斜柱使底部形成三角形框格区，有效减缓了结构塑性铰的发展，并满足"强柱弱梁"的设计要求，显著提高了钢筋混凝土框架结构的整体性与稳定性。于森林等[15]分析了 V 形柱作为悬空泳池的支撑构件，指出其平面内柱顶框架梁存在较大拉力，而平面外结构独立稳定性较差。在设计中，通过在框架梁内设置型钢，加强悬空泳池楼板与主体连接区域楼板的厚度及配筋，并对 V 形柱进行了屈曲分析，以确保结构的稳定性。Sudeep 等[16]研究了标准正柱、带剪力墙的正柱和 V 形柱的结构形式在斜坡上的性能。通过对不同坡度（10°、20° 和 30°）和不同建筑高度（10 层和 15 层）的建筑模型进行有限元分析，发现 V 形柱显著提高了结构的稳定性，更适合斜坡地形上多层建筑的设计。

基于上述研究可看出，设立斜柱会引起结构受力性能的改变，但目前大多数研究对象都集中在地面建筑，所设斜柱尺寸较小、数量有限且倾角单一，主要承担竖向荷载。而在地下空间结构中，V 形柱大范围布设，尺寸更大、倾角多变，结构形式更为复杂，且地下空间还存在较大水平土压力。因此，将 V 形柱应用于地下结构中时，首先需明确地下 V 形柱结构体系的受力性能，这对于地下 V 形柱的设计施工具有重要意义。

（2）结构体系转换研究现状

结构体系转换是一个较为复杂的过程。在此过程中，整体结构受力状态持续动态变化，内力重新分配。值得注意的是，不同的体系转换方案，会导致结构内力和变形的变化历程截然不同，进而使结构在最终态的内力和变形状态也存在显著差异。

基于这些问题，国内外学者主要通过仿真分析模拟结构转换过程，尤其在地上结构方面开展了大量深入研究。Shao 等[17]以大跨度悬挑结构的空间管桁架组成的钢屋盖为例，采用有限元软件模拟钢结构施工过程中的卸载过程，得到了各支撑点的承载特性。通过对比两种不同工况下的结构性能，得到了相应的最优卸载方案。基于该卸载方案，利用卸载时支撑点的最大反力设计临时支撑结构。田黎敏等[18]、孙玉辉[19]分别聚焦于体育场馆、大跨度屋盖等框架结构，研究了临时支撑解除顺序对结构受力状态的影响。Wang 等[20]以大跨正交空间桁架结构为研究对象，通过有限元软件模拟了多种体系转换过程，并深入分析了不同转换过程对大跨空间桁架结构受力性能的影响。王秀丽和杨文学[21]以某钢结构体育场为研究对象，分析了钢结构支撑卸载过程的支撑反力、构件应力与位移，并运用有限元软件对比分析了卸载临时支撑的不同方法，进而确定了最佳方案。同时，对卸载过程进行监测，并将实测数据与模拟数据对比。结果表明：基于有限元模拟的卸载方法具备合理性，能够使结构在卸载阶段的应力与位移变化保持平缓。孙学根等[22]以某大跨度空间网架结构为研究对象，根据其支撑卸载过程中的施工特点，提出了一种实用的支撑卸载方法。通过现场监测与数值模拟确认了卸载过程是安全的。高颖等[23]对济南奥体中心体育场钢结构支撑卸载全过程进行了模拟，通过多方案计算对比制定可行的卸载方案，给出卸载量程等一些动态的量化指标。杨会伟等[24]以北疆明珠塔为研究对象，利用有限元分析软件（Abaqus）中的生死单元技术与现场监测，对临时支撑卸载过程进行研究。对比五种不同的卸载方案，分析不同卸载次序对结构内力的影响。结果显示有限元模拟与现场监测数据基本吻合，表明方案有效可行，二者结合有效保证了施工卸载过程的安全。刘文超等[25]提出了四种临时支撑体系卸载方案，并采用结构分析与设计软件（Midas Gen）进行了模拟计算分析，对比考虑整体结构位移、木梁内力以及支撑反力等因素，最终确定由外向内、由高到低的同步分区卸载方案。张玉兰等[26]介绍了临时支撑体系分类与结构体系转换过程，然后以某机场航站楼为例进行了临时支撑体系的设计布置，同时提出了结构卸载方案与卸载过程的控制原则，最后对卸载过程的施工状态与设计状态进行了对比。严再春[27]、胡桂良[28]通过多种体系转换方案对比，研究了异形空间曲面钢结构的合理体系转换顺序。Zeng[29]、Li[30]、Zheng[31]则研究了大跨空间结构临时支撑结构设计及其力学行为。部分学者则针对地下结构如深基坑[32]、暗挖地下车站[33]及地下停车场[34]等，研究了临时支撑体系-永久结构转换时地下结构的应力和变形规律。秦学锋等[35]、林泓志等[36]研究了多重体系转换对大跨无柱地下空间结构力学行为的影响，采用有限元仿真分析方法，模拟该结构体系的转换过程，研究多重体系转换过程对结构力学行为的影响。

总体来看，尽管目前针对结构体系转换的研究较多，但大多数研究都仅依赖于数值模拟分析。然而，对于需要进行体系转换的大型结构而言，仿真分析很难完全模拟出实际工程情况，需结合连续、实时的现场监测数据才更有现实意义。并且，目前地上建筑结构体系转换应用较为广泛，相关研究也较为成熟和丰富。但针对地下空间结构体系转换的理论研究仍在发展中，特别是此类大范围布设大型 V 形柱的地下空间结构，在体系转换过程中，由于本身倾斜的影响，结构处于复杂应力状态，安全风险较高。鉴于此，本书拟通过仿真模拟和现场实时监测，对比分析不同结构体系转换方案在转换过程中结构力学性能的变化，旨在为此类结构体系转换过程控制提供具有参考价值的依据。

（3）结构施工误差研究现状

受施工精准度所限，不同类型的结构施工完成后与设计状态往往会存在一定偏差，这些偏差将对结构产生不利影响。为明确施工误差影响规律和对结构力学性能的影响，国内外学者对此做了大量研究。

从已有研究来看，Kani 等[37]对网壳结构进行分析时发现，实际空间结构节点定位误差比构件局部缺陷对结构稳定性的影响更大。袁继胜[38]、李小艳[39]分别以单层钢结构厂房和多层钢结构框架为研究对象，对钢结构各种安装偏差组合进行了分析。通过敏感性分析，分别研究了各种误差及其组合对结构力学性能的影响，得到了影响较大的偏差因素，最后基于敏感性分析结果给出了偏差控制的参考建议。刘文政和李成才[40]通过对节点坐标加偏移的方式模拟节点偏差，对多层钢框架柱身垂直度的偏差进行研究，对比了柱身有、无垂直度偏差两种情况下的结构受力性能，发现垂直度偏差对自振周期、地震作用下的层间剪力和层间位移的影响均较小。Liu 等[41]针对具有随机缺陷的单层网壳结构，提出了一种随机缺陷模态叠加方法：采用铁木辛柯（Timoshenko）梁对单层网壳结构建模，考虑几种可能的屈曲模态和随机变量，进行蒙特卡罗（Monte Carlo）模拟，分析含随机缺陷结构的屈曲模态叠加情况。将模态组合因子视为随机变量，并使用不同的分布类型进行比较，如均匀分布、高斯分布、T-高斯分布和三角分布。最后，基于参数研究结果和与其他传统稳定性分析方法的比较，发现该方法以较小的计算代价提供了良好的精度。李武等[42]对装配式混凝土结构施工安装偏差进行研究，发现墙板安装偏差和叠合楼板安装偏差基本服从正态分布，同时计算得到了各类安装偏差的期望值及方差。唐秋霞等[43]研究了安装偏差对胶合木梁柱植筋节点受弯承载力的影响，发现将安装偏差控制在 10～25mm 时，受弯承载力的降低幅度低于 5%。陈联盟等[44]、Chen 等[45]基于可靠度理论提出了索杆预张力结构支座节点施工误差的敏感性分析方法，并基于正常使用极限状态的要求提出了一种搜索误差限值的方法，然后对一个索穹顶结构算例进行了不同工况下的敏感性分析和节点误差限值分析。吕超力[46]结合正交试验法与 Monte Carlo 法，分析了索弯顶结构在静力作用与地震作用下的敏感性，结果表明：在静力作用下外圈脊索为最敏感的因素，在地震作用下柱侧移刚度为最敏感的因素。田广宇等[47]对某体育场屋盖结构的施工误差进行了敏感性试验，明确了各种施工误差对预应力的影响程度，提出了车辐式结构施工误差限值的控制方法，由可靠度指标得出每个施工误差值应满足的统计学限值。徐忠根等[48]通过试验与 Ansys 软件建立的模型进行对比分析，验证了模型的正确性。在此基础上，在数值模型中对钢柱定位轴线偏差处于规范限值下的 6 组钢梁翼缘宽度、厚度不同的试件进行分析，结果表明：传力板宽度和厚度为外传力钢框架节点的关键设计参数。王皓等[49]对比了几种不同的初始缺陷模拟方法，通过对某一单层球面网壳进行稳定性分析，总结出了不同方法下承载力的变化规律，然后通过改变结构的部分参数，研究各种参数对结构随机稳定性的影响。Luo 等[50]为了得到索杆张力结构合理的控制指标，进行了误差影响分析，提出了多随机误差效应分析方法，并以某体育场轮辐式索桁架结构为例，进行了包括 M 形概率分布在内的被动索长误差、外节点坐标误差及正态分布的主动张力误差的多项误差分析，得到了一些有价值的结论和施工控制指标。李会军等[51-53]以 K6 单层球面网壳为研究对象，量化分析了杆件偏心、节点随机偏差及二者耦合作用对网壳稳定承载力的影响程度，发现节点安装偏差对网壳稳定承载力的影响更为显著，杆件偏心的影响相对较小。施功[54]以某机场航站楼为对象进行施工控制分析，通过收集现场节点偏差数据，然后建模分析钢结构安装过程中产生的节点安装偏差对结构体系的影响，得出结论：整体结构是安全可靠的，但不能忽略拱-桁架支撑体系结构在安装过程中出现的节点偏差。张祥[55]为研究单层轮辐式索结构受安装误差的影响，利用 Monte Carlo 法，采用拉丁超立方抽样模拟环梁安装坐标误差、拉索长度误差等对该结构预应力平衡态性能指标的影响程度，以概率统计为基础给出相应的误差限值。Wang 等[56]提出了一种基于遗传算法优化反向传播神经网络（GA-BPNN）的分析方法来判断施工误差对单层正交索网结构索力的影响，并以 2022 年冬奥会国家速滑馆为研究对象，对场馆结构形式进行分析。根据索网结构特点和 GA-BPNN 计算，提出了施工误差分析原则，分析了承重索和稳定索施工误差对索力响应的影响，得到了不同构件误差对结构索力的影响程度以及最不利的关键构件。针对关键构件，分析了不同施工误差对索力的影响趋势，并给出了拟合公式。在 GA-BPNN 的驱动下，可实现多类型、多部件、多组合施工误差作用下的结构和力学响应分析。王秀丽等[57]以某大开孔悬挑网壳结构为研究对象，通过荷载-位移非线性全过程分析，研究初始几何缺陷分布模式、缺陷大小和节点刚度对结构稳定性的影响。结果表明：利用几何非线性进行缺陷分析，当初始几何缺陷分布模式为一致缺陷模态和静力失稳模态时，得到的稳定极限荷载相近；利用双重非线性进行缺陷分析时，初始几何缺陷分布模式的最不利模式为一致缺陷模态。王哲等[58]对某空间结构体系进行了理论分析和试验研究，厘清了施工张拉过程中索力偏差的分布规律及相应的张拉补偿调整原则。霍静思等[59]深入研究了施工安装误差对预制装配式连接件的影响，包括破坏形态、抗剪承载力、抗剪刚度及抗滑移性能。研究发现，连接件破坏主要表现为剪断，伴有混凝土开裂。安装误差对抗剪刚度有显著影响，而对抗剪承载力和极限滑移的影响相对较小。史国梁等[60]采用数字孪生技术对索桁架结构施工误差进行了评估。结果表明：基于数字孪生的数据映射关系，可有效预测施工误差对结构受力性能的影响，且该评估方法得到的力学性能与实际试验值高度吻合，验证了该方法的有效性。许鹏[61]利用反向传播神经网络（BPNN）改进比例-积分-微分算法（PID 算法），构建了大跨度异形钢结构竖向转体施工误差控制模型。该模型能够在施工过程中实时监测并调整施工参数，确保施工误差控制在允许范围内。研究结果证实，该技术能够有效实现施工预期，提高施工精度。

由上述研究可知，施工中产生的误差会对结构承载能力和稳定性造成不可忽视的影响，且结构中的不同构件对误差敏感性不尽相同，所以针对产生较大误差的结构，有必要作相应的研究。目前，施工误差分析大多集中在对结构性能的影响方面，而对于地下 V 形柱结构而言，其节点误差不可避免且数值较大。因此，除了要明确节点误差对结构受力性能的影响外，更需确定误差限值，使其既能保证结构受力可靠性，又能保证施工可行性。因此，对地下 V 形柱拼接节点误差开展分析，能够为此类结构施工提供控制指标。

1.3　现有问题与主要研究内容

1.3.1　现有研究中的若干问题

V 形结构柱在大型公共建筑中应用较为广泛。当 V 形柱作为支撑柱应用于地下空间结构时，面临着结构设计难度大、施工难度高以及施工流程复杂等诸多挑战，故而在施工与运营阶段，其结构安全性成为社会各界关注的重点。由于地下空间狭小，施工难度进一步加大，通常需先建立临时钢管柱承担荷载，再对 V 形柱进行分段施工，最后完成 V 形柱-临时柱体系转换。此类大范围、大尺寸且倾角多变的 V 形柱在地下复杂情况下的内力如何分布，分段施工过程中产生的拼接节点误差如何限定，以及如何安全、高效地进行结构体系转换等，都是亟待解决的问题。当前，地下 V 形柱设计与施工中主要存在以下问题。

（1）地下空间环境对 V 形柱整体施工过程与结构静力性能的影响

随着 V 形柱的不断推广应用以及结构形式的不断创新，越来越多的建筑结构中出现了 V 形柱的身影，伴随着 V 形柱在实际工程中的大量运用，相关针对性科研攻关也在不断开展。不同空间环境对 V 形柱的整体施工过程以及结构力学性能均有着较为显著的影响。因此，有必要厘清地下空间环境下 V 形柱倾角变化、节点误差对整体施工过程以及结构性能的影响，明确地下 V 形柱的静力性能，进而掌握地下空间环境对 V 形柱静力性能的影响规律，为相似工程设计施工提出参考性的建议。

①V 形柱应用在地上结构时，其倾角较为统一，不会出现连续变化，并且主要承担竖向荷载，故而其构件截面尺寸往往较大。而在地下结构中，V 形柱尺寸更大、倾角变化幅度更大，柱身受力性能与直柱情况差异较大，同时又处于地下较大水平土压力的作用下，其内力分布模式有待明确。

②受限于地下狭小空间，V 形柱需进行分段施工。先建立相对应的临时钢管柱承载，再对 V 形柱进行拼接，最后进行 V 形柱-临时支撑体系转换。在拼接 V 形柱柱段的施工过程中，由于地基沉降、梁板侧移、测量误差、加工误差以及操作误差等多种因素，V 形柱在分段安装节点处不可避免地会产生较大偏差，且难以按照现有钢结构施工规范控制，因此分段施工 V 形柱过程中产生的拼接节点误差如何限定，也是亟待明确的问题。

（2）地下空间环境中采用不同临时柱转换体系对 V 形柱力学性能的影响

对于一般结构转换层来说，转换结构常常具备承受其上部结构传来巨大竖向荷载的能力，使得转换结构内力很大。由于设置了结构转换层，沿建筑物高度方向刚度的均匀性将会受到很大的影响，力的传递途径有较大的改变，其转换结构计算十分复杂[62]。在地下空间环境中，结构受力更加严重，力的传递途径更为复杂。因此，在 V 形柱-临时柱体系转换过程中，结构力学行为变化显著。采用不同的体系转换方案，不仅会使结构在体系转换过程中的状态不同，而且在体系转换完成后，由于累积效应，其最终状态也会有所差异。

1.3.2　研究内容

V 形柱作为一种新型的支撑体系，因其结构效能高、施工方便等优势，被广泛应用于总部大楼、体育场馆、会展中心等大型公共建筑结构中，其结构的安全性保障至关重要。然而，V 形柱由于其尺寸大、高度高及倾角变化幅度大等特点，在狭小的地下空间施工难度大。对于此类大范围、大尺寸且倾角多变的 V 形柱结构，其在地下复杂情况下的内力如何分布，分段施工过程中产生的拼接节点误差如何限定，以及如何安全、高效地进行结构体系转换等，都是亟待明确的问题。查阅相关文献发现，目前尚缺乏对地下 V 形柱结构体系相关问题的研究。本文通过理论分析、数值模拟、现场监测相结合的方法针对地下 V 形柱结构体系设计状态下的受力性能、分段施工过程中产生的拼接节点误差限值、V 形柱-临时柱体系转换方案以及转换过程中结构力学行为的变化等问题进行研究，主要研究内容为：

第 2 章通过理论分析与数值模拟，厘清了 V 形柱倾角对结构的影响；推导了 V 形柱抗压刚度与抗侧刚度的计算公式；通过有限元软件建立了黄木岗综合交通枢纽中区整体结构分析模型，明确了地下 V 形柱结构体系的静力性能。

第 3～5 章分析了单榀 V 形柱框架不同节点、不同方向的误差影响效应，剖析了多个节点误差组合效应的影响规律；基于概率设计方法，明确了结构各构件对节点误差的响应关系以及节点误差影响下的危险构件，进而得出最大等效应力控制时的误差限值。

第 6、7 章建立了整体结构体系转换前的有限元模型，提出两种不同的体系转换方案，对比分析了结构在体系转换过程中的结构应力与变形等指标，确定了最优卸载方案，揭示了卸载前后结构关键构件的力学行为变化；基于仿真分析结论，制定现场测点布置方案，对结构体系转换过程中关键构件、关键位置的内力及位移进行实时监测，并与数值模拟数据进行对比验证，明确了 V 形柱在结构体系转换过程中的力学响应规律。

地下 V 形柱空间结构体系
受力特点分析

2.1 概述

在 V 形柱结构体系的研究领域中，过往学者的研究重点大多集中于地上结构。例如，范学伟等[53]曾对国家网球馆钢筋混凝土看台结构的新型抗侧力体系展开研究，得到了外环 V 形柱在风荷载、地震及正负温差等荷载作用下的力学性能。结果表明，立面 V 形柱体系受力明确，在水平与竖向荷载作用下屈曲因子较大，面外稳定性较好。范圣刚等[63]采用反应谱法对南京奥体中心科技中心整体抗震性能展开分析，并利用有限元对结构中的 V 形柱等重要构件进行数值模拟。结果显示，结构的 V 形柱内力较大且受力复杂，V 形柱间的托梁需采取加强措施。刘松华等[64]对东平体育中心外围钢结构的 V 形柱体系和屋盖网架体系展开研究，在综合考虑各种荷载工况的情况下对该空间结构形式进行分析计算，验证了 V 形柱体系和屋盖网架体系受力与布置的合理性。

随着城市轨道交通网络化、差异化发展趋势日益显著，在地下结构中应用 V 形柱可增大结构跨度，增加整体结构美观性。相比于地上空旷空间，地下 V 形柱结构体系往往还要受限于地下狭小空间，因此，对地下 V 形柱结构体系的研究也变得尤为重要。

静力分析是结构分析中最为基础的阶段，通过分析可以了解结构的基本力学性能，从而有利于结构的进一步分析。本章内容基于第 1 章中提到的黄木岗综合交通枢纽地下大型 V 形柱，对地下 V 形柱结构体系的静力性能展开分析。黄木岗综合交通枢纽中区首次将 V 形柱应用于地下空间。V 形柱与各层板通过水平型钢梁连接，共同形成永久框架结构体系，如图 2-1 所示，V 形柱呈鱼腹形布设在地铁 24 号线 5~31 轴之间，共 25 组 50 根。其中，西区 26 根（φ1600mm）、中区 16 根（φ1800mm）、东区 8 根（φ1400mm），V 形柱断面如图 2-2 所示，V 形柱布置如图 2-3 所示，图 2-3 中，24-5 表示地铁 24 号线 5 轴处的 V 形柱，其余类似。由于地下大型 V 形柱高度高且倾角变化多，从 1.3°到 13°不等，中间梁跨度较大，且地下结构除竖向荷载外，还存在较大水平土压力。因此，本章针对地下大型 V 形柱结构体系展开了相关的力学性能分析，旨在厘清在竖向荷载、水平土压力作用下地下大型 V 形柱框架结构的内力分布模式，明确结构的内力分布规律、受力变形大小等情况。

图 2-1　V 形柱与水平型钢梁的连接　　图 2-2　V 形柱断面图

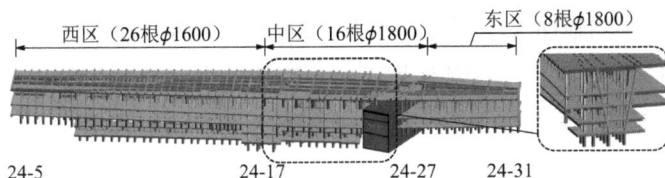

西区（26根φ1600）　中区（16根φ1800）　东区（8根φ1800）

24-5　　24-17　　24-27　　24-31

图 2-3　V 形柱布置图（尺寸单位：mm）

2.2　V 形柱框架结构内力分布模式

黄木岗综合交通枢纽中区 V 形柱框架结构为地下空间结构，主要承受竖向荷载和水平土压力的作用。由于 V 形柱框架结构左右两侧较为对称，且水平土压力作用于外墙并传递给横梁，故而本工程将结构所受竖向荷载等效为柱顶竖向集中力 $F_{竖}$，将水平土压力等效为施加在横梁两侧的水平集中力，并在此基础上对地下 V 形柱框架结构展开静力分析。

2.2.1　竖向荷载

直柱与 V 形柱在竖向荷载作用下的轴力如图 2-4 所示。根据模型计算结果可知，仅在竖向荷载作用下时，V 形柱与直柱相比会产生一个水平力，该水平力由梁承担，大小为 $F_{水平力} = F_{竖} \tan\alpha$（$\alpha$ 为 V 形柱与竖向平面的夹角），V 形柱轴向力大小为 $F_{轴向力} = F_{竖} \cos\alpha$。由此可见，V 形柱倾角越大，其轴力和横梁所受的水平力也越大，黄木岗综合交通枢纽中区 V 形柱的倾角基本处在 1.3°～13°，因此 V 形柱产生的水平力为其轴力的 2.27%～23.09%。由于结构 V 形柱两端对称布置，如果忽略板的作用，两边 V 形柱产生的水平力在中间框架梁互相平衡。通常情况下，梁为受弯构件，但在此种情况下，梁两端受拉，属于拉弯构件。因此，在设计时需将中间横梁按拉弯构件进行考虑。

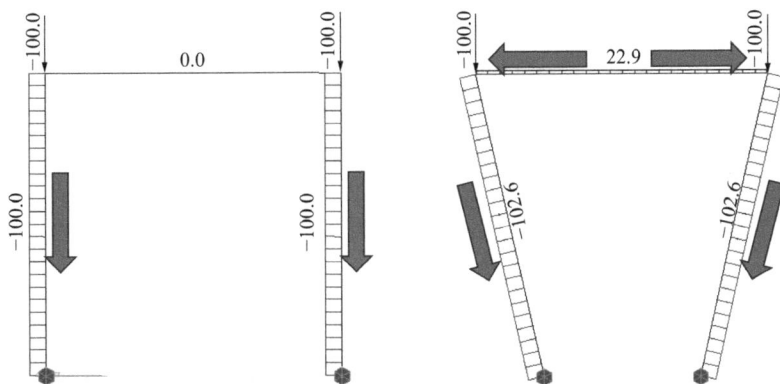

图 2-4　直柱与 V 形柱在竖向荷载作用下的轴力图（单位：kN）

2.2.2　水平土压力

V 形柱框架结构除承担竖向荷载外，还同时承受地下土压力的作用。同理，对图 2-4 的直柱与 V 形柱模型算例施加大小相等的水平荷载，荷载作用下的轴力、剪力及弯矩如图 2-5 所示。由图 2-5 可知，仅在水平荷载作用下时，直柱轴力大于 V 形柱；直柱弯矩小于 V 形柱。对于直柱框架而言，其完全依靠柱剪力来抵抗水平荷载；但对于 V 形柱框架，柱轴力的水平分力为负，这会导致柱的剪力增大。

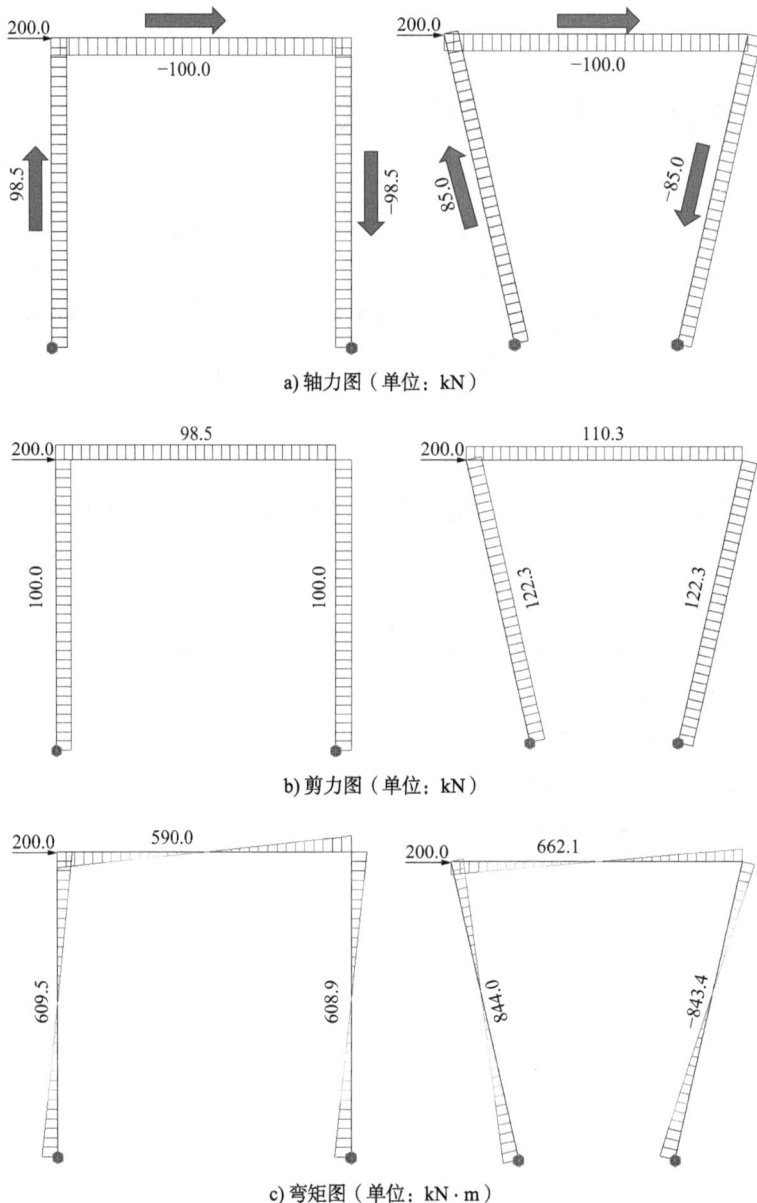

a) 轴力图（单位：kN）

b) 剪力图（单位：kN）

c) 弯矩图（单位：kN·m）

图 2-5　水平荷载下的内力图

2.2.3　V 形柱倾角变化时结构受力分析

黄木岗综合交通枢纽中区 V 形柱倾角变化较大（1.3°～13°），故本节以一个倾角不断变化的 V 形柱框架结构模型算例为对象，研究 V 形柱倾角变化对结构整体力学性能的影响,算例模型如图 2-6 所示。图 2-7 为该算例模型在竖向荷载作用下的轴力示意图,由图 2-7 可知,随着 V 形柱倾角不断增大,V 形柱轴力有一定程度的增大,由此产生的水平分力也在两者共同影响下随之增大。同时,V 形柱跨中梁的轴力也显著增大并呈受拉状态,而直柱与两侧的梁受 V 形柱倾角变化影响相对较小;图 2-8 为该算例模型在竖向荷载作用下的结构剪力示意图,由图 2-8 可知,随着倾角增大,V 形柱和两侧直柱的剪力略有增大,V 形柱跨中梁两端的剪力显著增大;图 2-9 为该算例模型在竖向荷载作用下的结构弯矩示意图,由图 2-9 可知,随着倾角增大,中间跨度增大,两侧跨度减小,V 形柱中间梁跨中和端部的弯矩显著增大,而两侧梁的弯矩略有减小。

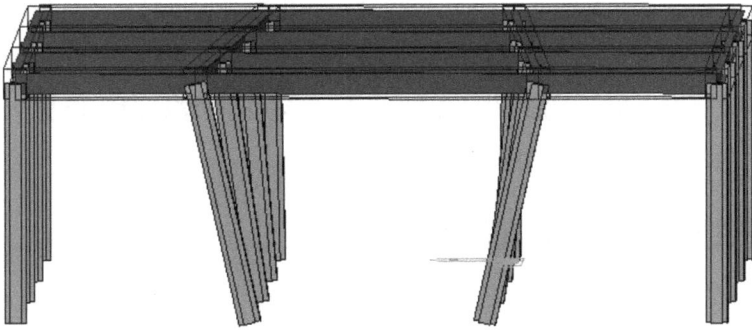

图 2-6　算例模型图

图 2-7　竖向荷载作用下的轴力图（单位：kN）

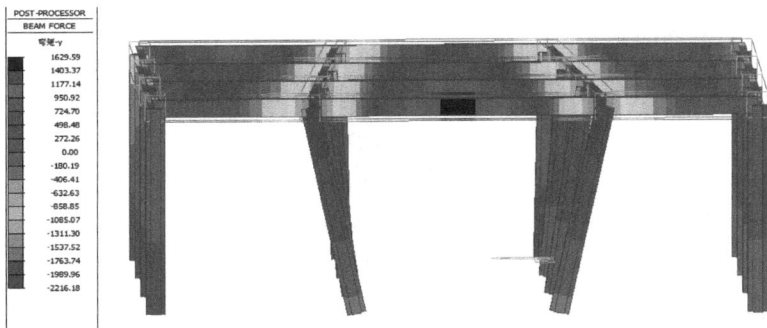

图 2-8　竖向荷载作用下的弯矩图（单位：kN·m）

图 2-9 竖向荷载作用下的剪力图（单位：kN）

总体来看，两侧直柱与框架梁受 V 形柱倾角变化影响程度较小，V 形柱中间梁受倾角影响程度较大，其轴力、剪力、弯矩随倾角增大均有大幅度增加，V 形柱的轴力、剪力、弯矩随倾角的增大有小幅度增加。因此，在设计 V 形柱框架结构时应控制 V 形柱倾角变化不宜过大，同时对 V 形柱中间梁采取加强措施。

2.2.4 V 形柱抗压刚度与抗侧刚度

与直柱相比，V 形柱自身具有一定的初始倾斜角度，这也意味着 V 形柱的初始竖向抗压刚度会有一定程度的削弱，而水平抗侧刚度会有一定程度的增强。

对于 V 形柱来说，在竖向荷载作用下，其竖向位移包含两部分：一部分是该竖向荷载沿着杆轴分量引起杆件轴向变形的竖向分量；另一部分是该竖向荷载垂直于杆轴分量引起杆件弯曲变形的竖向分量。

对于一根只承受竖向荷载且长度为 l 的直柱，其竖向形变 Δ_N 和竖向抗压刚度 K_N 分别为：

$$\Delta_N = \frac{Nl}{ES} \tag{2-1}$$

$$K_N = \frac{ES}{l} \tag{2-2}$$

式中：N——竖向荷载；

E——直柱弹性模量；

S——直柱截面面积。

当 V 形柱只承受水平荷载时，其弯曲变形 Δ_F 和水平抗侧刚度 K_F 分别为：

$$\Delta_F = \frac{Fl^3}{3EI} \tag{2-3}$$

$$K_F = \frac{3EI}{l^3} \tag{2-4}$$

式中：F——水平荷载；

E——直柱弹性模量；

I——直柱截面惯性矩。

如图 2-10 所示，对于一根长度为 l、竖向倾角为 α 的 V 形柱而言，在竖向荷载 P 作用下，其竖向变形 Δ_1 由杆件轴向变形 Δ_N 的竖向分量和弯曲变形 Δ_F 的竖向分量两部分组成，即：

$$\Delta_1 = \Delta_N \cos a + \Delta_F \sin a = \frac{Pl}{ES} \cos^2 a + \frac{Pl^3}{3EI} \sin^2 a \qquad (2\text{-}5)$$

V 形柱的竖向抗压刚度 K_1 为：

$$K_1 = \frac{P}{\Delta_1} = \frac{3EIS}{3Il \cos^2 a + Sl^3 \sin^2 a} \qquad (2\text{-}6)$$

同样地，对于一根长度为 l、竖向倾角为 α 的 V 形柱而言，在水平荷载 Q 作用下，水平变形 Δ_2 由杆件轴向变形 Δ_N 的水平分量和弯曲变形 Δ_F 的水平分量两部分组成，即：

$$\Delta_2 = \Delta_N \sin a + \Delta_F \cos a = \frac{Ql}{ES} \sin^2 a + \frac{Ql^3}{3EI} \cos^2 a \qquad (2\text{-}7)$$

V 形柱的水平抗侧刚度 K_2 为：

$$K_2 = \frac{Q}{\Delta_2} = \frac{3EIS}{3Il \sin^2 a + Sl^3 \cos^2 a} \qquad (2\text{-}8)$$

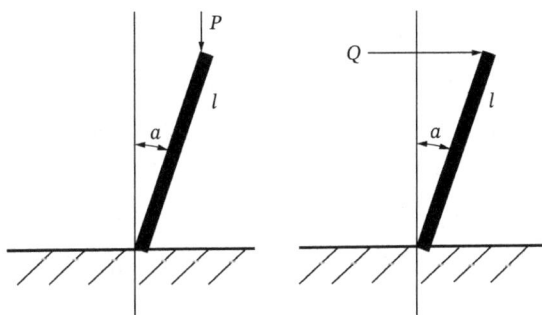

图 2-10　V 形柱受力示意图

本工程所设 V 形柱直径为 1600mm，与竖向方向所呈夹角为 1.30°～13.05°，单根最长 38.5m。为了更直观地区分直柱和 V 形柱刚度的差异，取倾斜角度为 1.3°、5.2°、9.1° 和 13° 的 V 形柱，长度取地下一层柱 12m 为计算长度，分别代入式(2-2)、式(2-4)、式(2-6)、式(2-8)，得出直柱与不同角度 V 形柱的竖向抗压刚度和水平抗侧刚度，见表 2-1。

不同角度 V 形柱竖向抗压刚度和水平抗侧刚度　　　　　　　　表 2-1

刚度	直柱	1.3°V 形柱	5.2°V 形柱	9.1°V 形柱	13°V 形柱
竖向抗压刚度	167.476E	145.138E	48.457E	19.751E	10.383E
水平抗侧刚度	0.558E	0.559E	0.563E	0.572E	0.588E

由表 2-1 结果可知：随着 V 形柱竖向倾角的逐渐增大，其竖向抗压刚度不断减小，水

平抗侧刚度不断增大。直柱的竖向抗压刚度为 167.476E，而 13°倾角的 V 形柱竖向抗压刚度为 10.383E，仅为直柱竖向抗压刚度的 1/16；直柱水平抗侧刚度为 0.558E，而 13°倾角的 V 形柱水平抗侧刚度为 0.588E，为直柱水平抗侧刚度的 1.05 倍。由此可见，相比直柱而言，V 形柱"牺牲"了较多的竖向抗压刚度，而水平抗侧刚度有较小幅度的增加。

总体看来，对于 V 形柱结构体系，由于其竖向抗压刚度与直柱相比降低较多，往往需要与水平构件（如水平型钢梁）连接形成整体结构才能有效承担竖向荷载。

2.3 V 形柱空间结构数值模拟

由 2.2 节中对 V 形柱框架结构内力分布模式的研究可知，V 形柱相比直柱受力更加复杂，且柱身刚度受倾角影响较大，在较大荷载作用下势必会导致部分构件、节点出现危险情况。因此，本节结合黄木岗综合交通枢纽实际情况，构建 V 形柱空间结构有限元模型，对地下 V 形柱结构体系的静力性能展开分析，为该类结构设计提供参考依据。

2.3.1 有限元模型

截取沿地铁 24 号线方向车站中区 V 形柱倾角较大的一段地下结构，通过有限元软件（Midas Gen）建立简化有限元模型，共 6 榀 12 根 V 形柱，倾角为 10.79°~13.05°，模型中的混凝土板采用板单元模拟，混凝土梁、型钢-混凝土组合梁、临时柱与结构柱均采用梁单元模拟。梁、板、柱相交处均采用共节点连接。在地下二层柱底部和地下四层柱底部采用固端约束。对结构各层梁板进行网格划分。整个结构共 4075 个单元，2810 个节点，如图 2-11 所示。根据结构设计说明，除结构本身自重外，顶层恒载取 25kPa，其余层恒载取 16kPa；所有层活载取 16kPa。恒载包括设施荷载、覆土荷载及上部桥梁荷载；活载包括人群荷载及车道荷载。土的加权平均重度和侧向土压力系数均按地质勘探资料进行取值，分别为 20kN/m^3 和 0.4，根据深度计算各底板位置处侧墙侧向土压力，并通过局部坐标系以连续线荷载形式等效加于梁上。对结构使用阶段受力进行分析时，基于承载能力极限状态荷载组合，《建筑结构荷载规范》（GB 50009—2012）[65]规定：荷载基本组合取 $S_D = 1.35 S_G + 1.4 \times 0.7 S_Q$，其中：$S_G$ 为恒荷载；S_Q 为活荷载。整体简化模型包括 V 形钢-混凝土柱、钢管混凝土直柱、工字型钢梁和混凝土梁，各构件参数见表 2-2。

构件参数表

表 2-2

构件	V 形钢-混凝土柱	钢管混凝土直柱	工字型钢梁	混凝土梁
截面（mm）	$D1600$	$D1200$	1500×1100	1500×1200
混凝土强度等级	C60	C60	C60	C60
钢材截面（mm）	十字形 $920 \times 500 \times 50 \times 50$	钢管 1200×40	$1000 \times 400 \times 35 \times 40$	—
钢材材质	Q355B	Q355B	Q355B	—

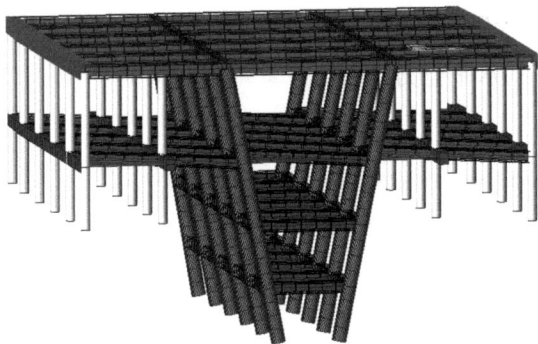

图 2-11　有限元模型

2.3.2　结构内力分布规律

有限元模型在荷载作用下的整体结构轴力图如图 2-12 所示,不难看出整个结构轴力左右两侧大致呈对称分布。其中,V 形柱的轴压力最大,且位于 V 形柱底部的轴压力最大可达 25830kN。其次是位于 V 形柱两侧的永久直柱,其底部轴压力最大可达 20135kN。对于梁而言,由于地下一层顶板在地面受土压力影响很小,位于 V 形柱中间处的梁正如 2.2.1 节结论所述,处于轴拉状态,其最大拉力为 640kN,而两侧的梁轴力几乎为零。位于地下二层~四层的梁由于受两侧土压力与 V 形柱产生的水平拉力的共同作用,其轴力相对地下一层梁更小。

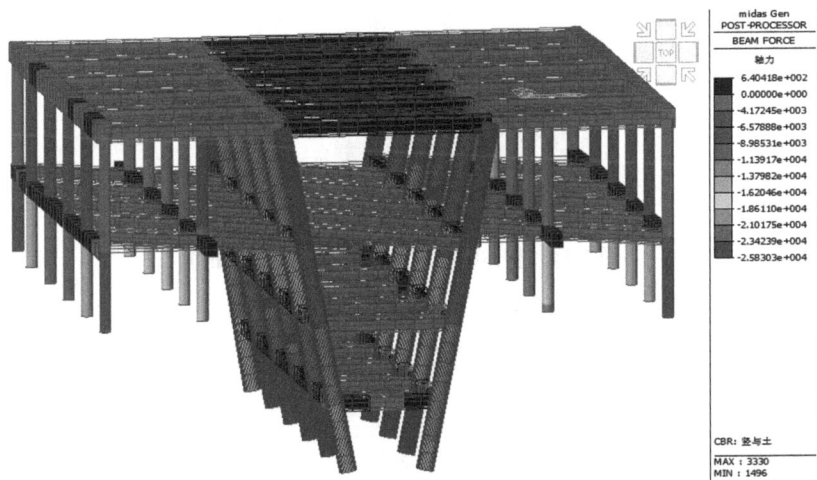

图 2-12　整体结构轴力图(单位:kN)

荷载作用下的结构剪力图与弯矩图如图 2-13 与图 2-14 所示。整体结构剪力与弯矩最大处为地下一层 V 形柱中间梁,主要由于其承受较大竖向荷载且跨度最大,同时地下二层~四层梁也有较大剪力。由于水平土压力作用,永久直柱和 V 形柱也产生了较大剪力与弯矩。

结构顶层板轴力图如图 2-15 所示,其受力状态与顶层梁受力状态一致,跨中板呈轴拉状态,两侧板呈轴压状态。跨中板拉力基本在 240kN 左右,而前述跨中梁轴力为 600kN

27

左右。由此可见，V 形柱产生的水平分力由梁、板共同承担，其中梁承担了约 70% 的水平分力，板承担了约 30% 的水平分力。

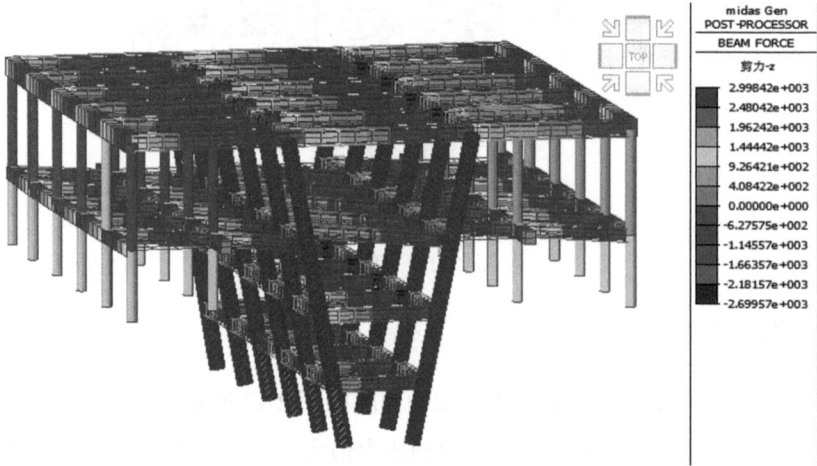

图 2-13　整体结构剪力图（单位：kN）

图 2-14　整体结构弯矩图（单位：kN·m）

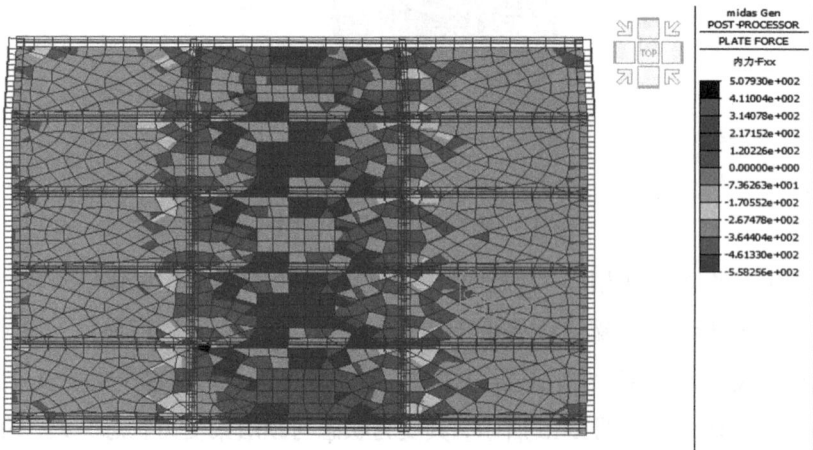

图 2-15　结构顶层板轴力图（单位：kN）

2.3.3　结构变形分布规律

有限元模型在荷载作用下的结构变形图如图 2-16 所示，可以看出，由于 V 形柱竖向抗压刚度的降低，其竖向变形较大，中间梁由于跨度较大，其挠度也较大。结构左侧直柱柱顶与 V 形柱柱顶的位移值见表 2-3。不难看出，在竖向荷载作用下，V 形柱柱顶的竖向位移最大为−7mm，这是因为 V 形柱承担的轴压力最大，且竖向抗压刚度受倾斜影响显著下降。第一列直柱承担的轴压力小于第二列直柱，其柱顶沉降相比第二列直柱略小；在水平土压力作用下，V 形柱产生的水平分力可抵消部分土压力，因此直柱与 V 形柱水平侧移均较小，产生了 4～5mm 的水平位移。

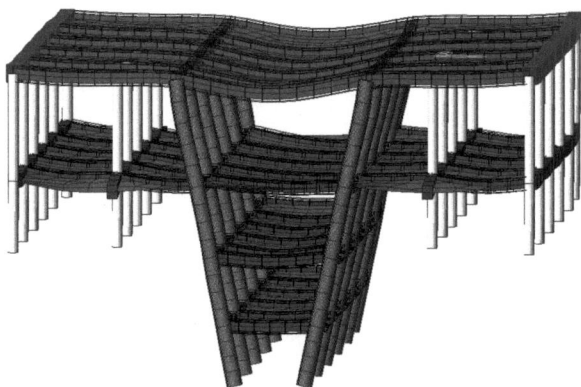

图 2-16　结构变形图

构件位移值　　　　　　　　　　　　　　　　表 2-3

位移	左侧第一列直柱	左侧第二列直柱	左侧 V 形柱
竖向位移（mm）	−3	−4	−7
水平位移（mm）	5	4.5	4.5

综上所述，地下 V 形柱结构体系的受力状态相比传统结构更加复杂，V 形柱与永久直柱均处于复杂应力状态下，且 V 形柱会对梁、板构件产生较大的水平力。因此，应控制 V 形柱倾角不宜过大，同时对 V 形柱、直柱及跨中梁采取加强措施。

2.4　本章小结

本章以黄木岗综合交通枢纽地铁 24 号线上沿东西方向布置的地下大型 V 形柱为研究对象，通过理论推导与数值模拟的方法，从内力分布模式和有限元模拟两个方面对地下 V 形柱结构体系的静力性能展开分析，研究得到了 V 形柱框架结构分别在竖向和水平荷载作用下与直柱不同的内力分布情况，并计算推导出了不同倾角下 V 形柱的竖向抗压刚度与水平抗侧刚度，同时建立了 V 形柱结构体系的有限元模型，厘清了结构在荷载共同作用下的内力分布规律和变形分布规律。本章主要结论如下：

（1）在竖向荷载和水平荷载作用下，V 形柱结构相比直柱结构除需要承担较大轴压力外，还将承受较大弯矩与剪力；V 形柱中间梁随着倾角的增大，其轴力、剪力及弯矩均有大幅度增加，而 V 形柱的轴力、剪力及弯矩有小幅度增加。

（2）V 形柱相比直柱，牺牲了较多的竖向抗压刚度，而水平抗侧刚度则有较小幅度的增加。V 形柱应与水平构件（如梁）形成整体结构才能有效承担竖向荷载，但会对梁、板构件产生较大的水平力。应控制 V 形柱倾角大小，防止出现倾角过大的情况，同时需要对 V 形柱、直柱及跨中梁采取加强措施。

—— 第 **3** 章 ——

地下 V 形柱分段精准拼装施工方法与控制技术

3.1 概述

近年来，V 形柱在建筑工程领域开始得到广泛应用。在建筑结构中，V 形柱常被用作一种新型的支撑体系，以增加结构抗侧刚度，减小结构变形，并增加其舒适性、安全性及美观性。不过，V 形柱大多应用于大型体育场和高层建筑等场所，在地下结构中几乎没有应用。然而，作为地下结构竖向传力的主要构件，V 形柱的施工方案与安装精度不仅会影响其自身的力学性能，还会对与其联系的横向传力构件产生不容忽视的影响。此外，由于地下空间狭小，且 V 形柱存在尺寸大、高度高、倾斜角度各异等问题，在狭小空间内实现 V 形柱的标准化、高精度、高效率施工面临着诸多挑战。

因此，本章以黄木岗综合交通枢纽中区地下 V 形柱为研究对象，从地下 V 形柱的高精度制作方法，以及安装精准定位与吊装技术两方面，对地下狭小空间内大型 V 形柱的标准化、高精度、高效率施工技术展开研究，形成一套适用于地下 V 形柱分段精准拼装的施工方法和控制技术。该施工方法与技术主要适用于大型 V 形结构柱作永久受力柱的大型地下建筑，施工工艺流程及操作要点如图 3-1 所示。同时，本研究还针对 V 形柱的施工方法进行了优化设计。

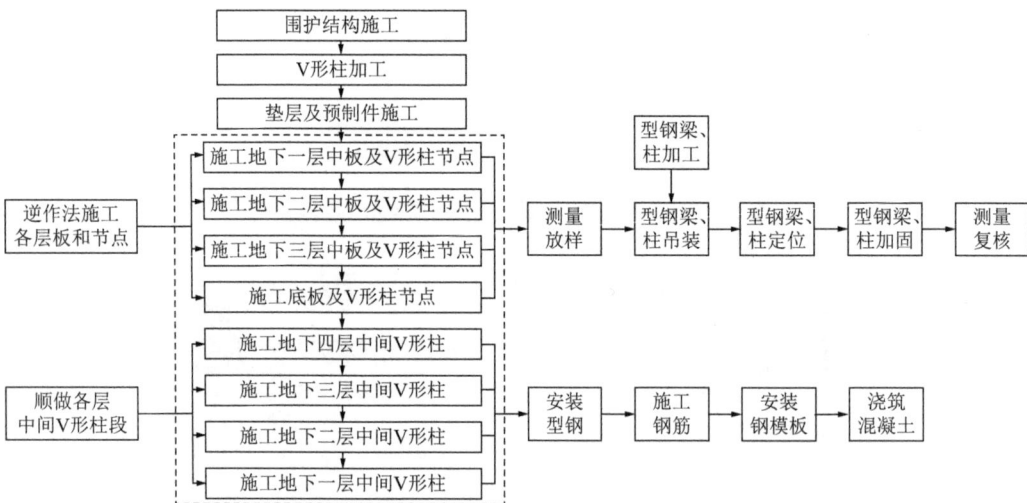

图 3-1 工艺流程图

3.2 V 形柱总体设计及节点设计

3.2.1 V 形柱总体设计

黄木岗综合交通枢纽中区地下 V 形柱为主体结构永久柱，主要承受结构板竖向荷载及大跨中空结构板水平荷载。V 形柱分布于地铁 24 号线及其两端的地下空间、地铁 7 号线范围内,呈鱼腹形布设于地铁 24 号线 5~31 轴之间,共 25 组 50 根。其中中区 16 根(φ1800mm);顶板位置宽(跨度)9.7~25.5m。V 形柱横断面如图 3-2 所示。

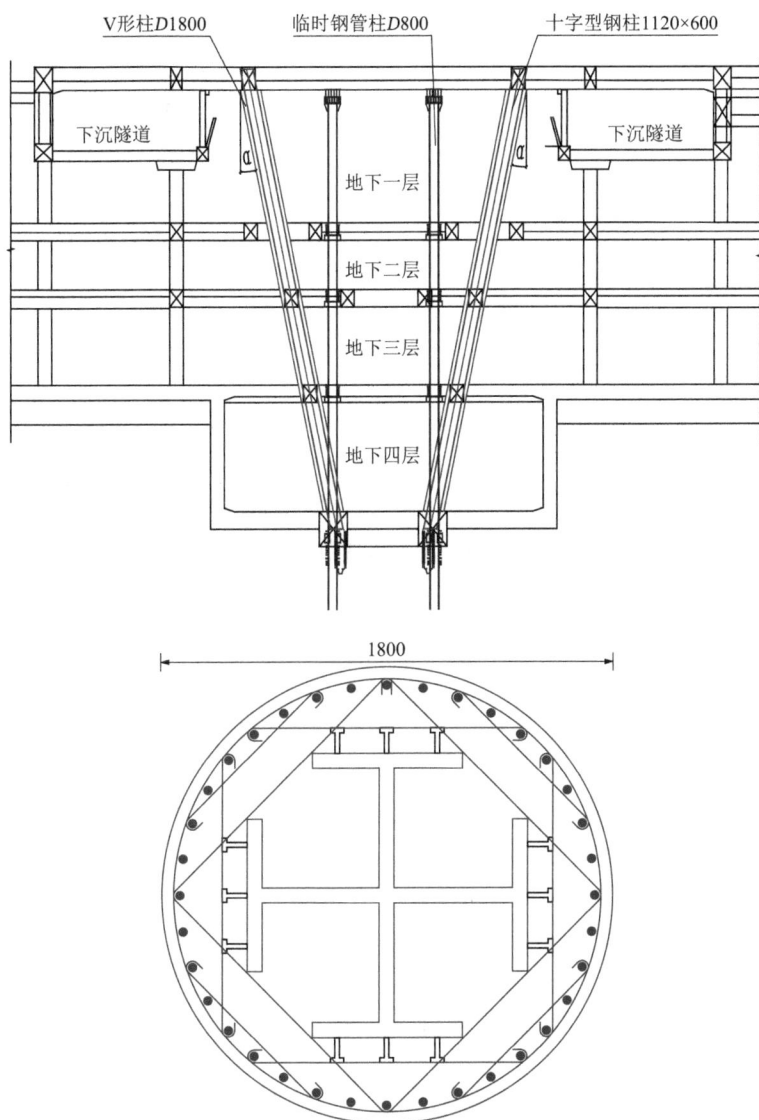

图 3-2　黄木岗综合交通枢纽中区 V 形柱横断面图(尺寸单位:mm)

V 形柱采用十字型钢柱外包 C60 钢筋混凝土的设计,型钢柱单根最大长度约 38.5m,重约 87t。每根倾角均不相同,与竖向夹角处于 1.3°~13°间,V 形柱与各层板水平型钢梁连接,形成永久框架体系。在 V 形柱范围内,车站采用盖挖逆作法施工,在体系转化前,各层板依靠临时钢管柱提供竖向支撑。在 V 形柱施工完成后,利用临时柱顶伺服系统,辅助拆除临时立柱,各层板受力转换至 V 形柱上,完成车站结构受力体系转换,临时柱顶伺服系统如图 3-3 所示。

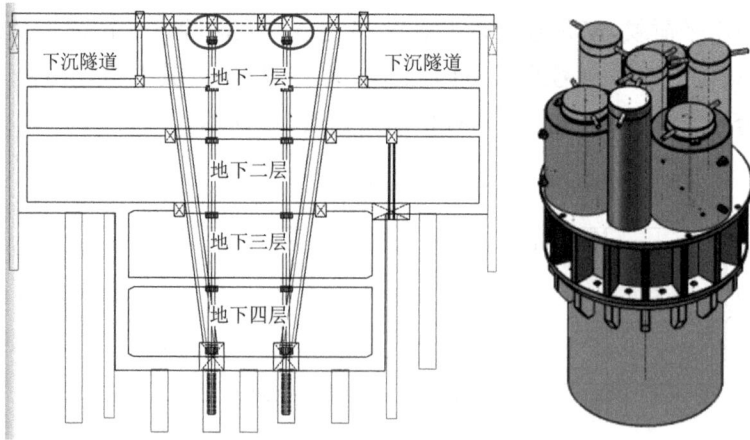

图 3-3 临时柱顶伺服系统

3.2.2 V 形柱节点设计概况

V 形柱节点顶部由 XGCL1、XGL2、XGL5、XGL7 四种类型组成。其柱身为 60mm，由十字型钢柱组成。V 形柱在顶板、负一层板、负二层板及负三层板通过水平向型钢梁连接，形成 V 形柱框架结构体系，V 形柱节点组成如图 3-4 所示。

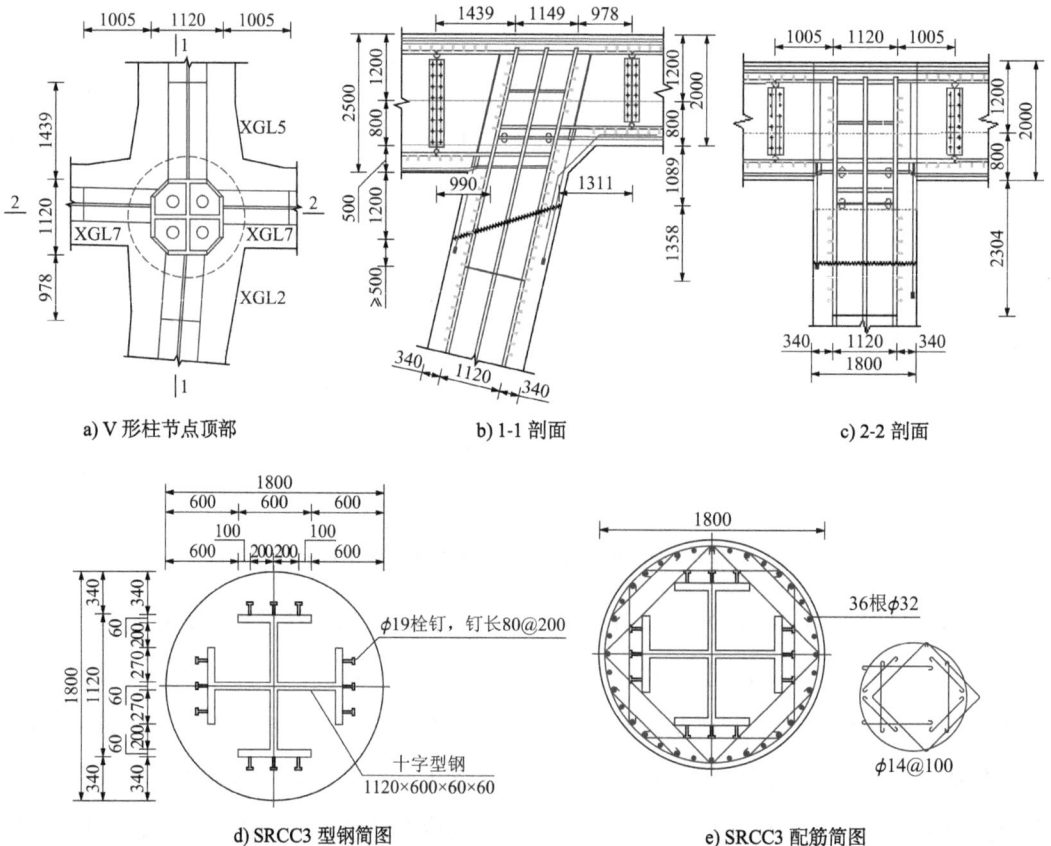

a) V 形柱节点顶部

b) 1-1 剖面

c) 2-2 剖面

d) SRCC3 型钢简图

e) SRCC3 配筋简图

图 3-4 V 形柱节点组成图（尺寸单位：mm）

各区域 V 形柱具体参数如下。

地铁 24 号线核心区 V 形柱，位于下沉隧道与临时钢管柱之间，沿东西方向布设，沿南北方向倾斜，共 8 组 16 根。每根倾角均不相同，与竖向线夹角在 10.795°～13.048°。

东区 V 形柱，位于地铁 24 号线东侧地下空间内，沿东西方向布设，沿南北方向倾斜，共 8 根。V 形柱与竖向线夹角在 1.292°～6.313°。

西区 V 形柱，位于地铁 24 号线西侧非核心区地下空间内，沿东西方向布设，沿南北方向倾斜，共 26 根。V 形柱与竖向线夹角在 0.55°～11.066°间。

3.2.3　V 形柱加工流程

考虑到地下空间较小带来的施工限制，施工方决定在厂家根据设计图纸完成 V 形柱加工后，再将其运输至现场，并采用分段的方法进行安装。具体加工流程如下：首先，V 形柱与主体结构纵梁及横梁均需进行连接，但由于倾斜角度不统一，且水平角度存在坡度及预拱度，故而需要对预留接头的平面位置、与结构的夹角及标高进行精准控制。预留接头采用水平截面，方便于后续中间段 V 形柱钢连接，并在预留接头四面设置 4 块 35cm×10cm×3cm（长×宽×厚）的定位连接钢板，并预留连接螺栓孔。预留 V 形柱型钢接头连接钢板焊接示意图如图 3-5 所示，连接钢板尺寸图如图 3-6 所示。V 形柱加工委外机械设备厂家加工成型后运输至施工现场。V 形柱中间段加工完成后，在靠近基坑内侧处焊接一个吊耳，吊耳采用 3cm 厚钢板制作，并设置于 V 形柱顶部下 0.5m 处，后期采用起重机对 V 形柱进行吊装施工。V 形柱中间段吊耳设置如图 3-7 所示。

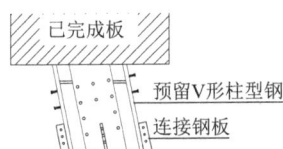

图 3-5　预留 V 形柱型钢接头
连接钢板焊接示意图

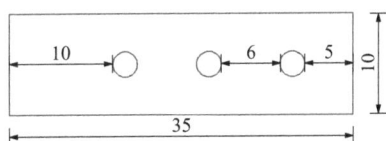

图 3-6　连接钢板尺寸图
（尺寸单位：cm）

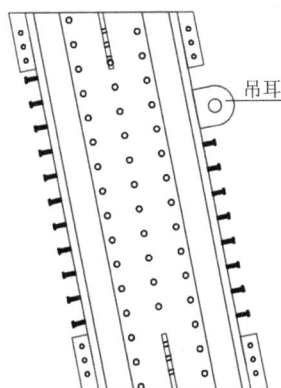

图 3-7　V 形柱中间段吊耳设置示意图（尺寸单位：cm）

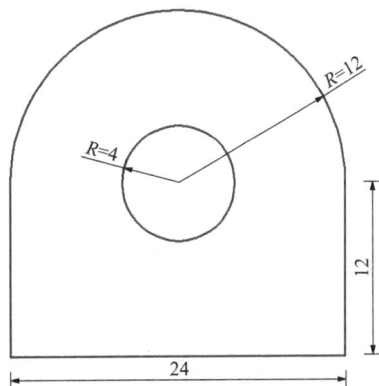

在 V 形柱中间段吊装的过程中，吊耳是应力最为集中的地方，故而需对吊耳的强度展开验算。验算公式如下。

吊耳的允许负荷按式(3-1)计算：

$$P = \frac{cD}{n} \tag{3-1}$$

式中：P——吊耳允许的负荷；

    D——起重量（包括加强材料等重量）；

    c——不均匀受力系数（通常在 1.5～2 间）；

    n——同时受力的吊耳数。

吊耳强度验算按式(3-2)、式(3-3)计算：

$$\sigma = \frac{P}{F_{min}} < [\sigma] \tag{3-2}$$

$$\tau = \frac{P}{A_{min}} < [\tau] \tag{3-3}$$

式中：F_{min}、A_{min}——垂直于 P 力方向的最小截面积；

    $[\sigma]$——材料许用正应力；

    $[\tau]$——材料许用切应力。

3.3 地下 V 形柱分段精准拼装施工方法

3.3.1 垫层及预埋件施工

垫层及预埋件施工首先进行土方开挖，主体结构盖板以上土方开挖采用明挖法施工，施作盖板区域土方开挖约 4m，开挖至顶板底下 2.2m 处为止，其余各层开挖至层板底 2m 处。开挖设备选用 PC200 挖掘机，土方运输设备采用自卸车。土方开挖完成后，开始垫层的施工。当盖板基坑开挖接近基底 200mm 时，人工配合挖机清底。垫层采用 C20 混凝土浇筑，浇筑厚度为 150mm，紧接着进行 V 形柱基础的施工。由于 V 形柱自重较大，且作为节点需承担各个型钢梁及板的荷载，为确保在施工过程及后续施工中 V 形结构柱节点产生沉降或者位移，施工时在 V 形柱下方施作扩大基础，基础尺寸为 3000mm×3000mm，深度为 400mm，内部布设 ϕ14mm@200mm 钢筋网片，基础顶部提前预埋 4 块 16mm 厚基础钢板，钢板尺寸为 1000mm×600mm×1mm。同时，分别在 V 形柱倾斜方向及型钢梁方向预埋 600mm×600mm 支撑钢板，作为架设支撑的基础。V 形柱纵断面、平面、基础预埋钢板分别如图 3-8～图 3-10 所示。

基础开挖完成后，进入预埋钢板的定位环节。先在基础内放线并画出预埋钢板的位置，然后在钢板 4 个角点处向土层内打入 4 根 ϕ22mm 钢筋，钢筋长度不小于 1m；钢筋打入完成后检查钢筋插入深度及牢固程度，然后在钢筋上标出预埋钢板顶的底面标高，采用切割机将多余钢筋切除。随后，安装预埋钢板，安装过程中需全程测量调整，标高误差不得大于 5mm。4 块预埋钢板安装完成后，采用钢筋将钢板底部连接为整体，然后开始浇筑基础混凝土。最后是预埋钢板的定位。具体施工过程如图 3-11、图 3-12 所示。V 形柱中间节点施工与板节点不同，无法使用地面汽车式起重机和小型汽车式起重机直接进行吊装和固定。每层结构板施工时，需在对应 V 形柱旁预埋吊钩。对于地下一层至地下三层板 V 形柱的中间节点，采用地面汽车式起重机通过出土口下放材料，地下各层利用叉车进行水平运输，并借助上层板预埋的吊钩，采用电动葫芦进行吊装安装。

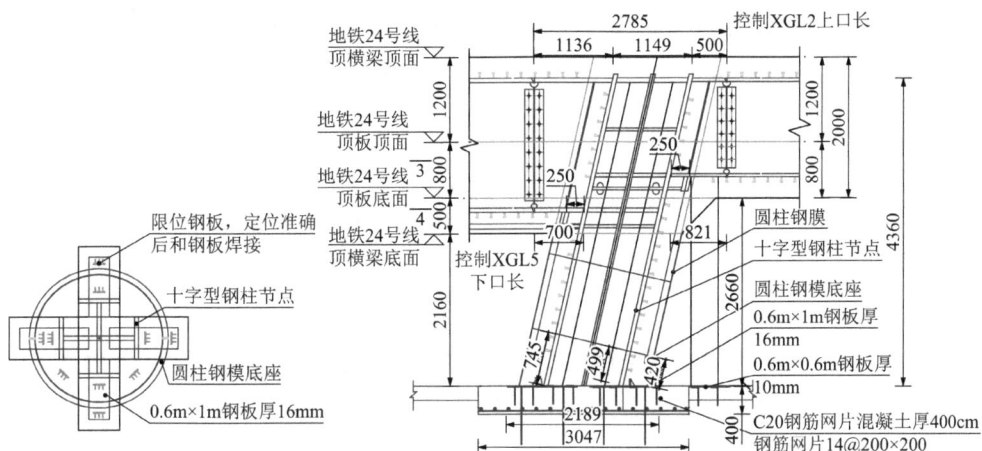

图 3-8　V 形柱纵断面示意图（尺寸单位：mm）

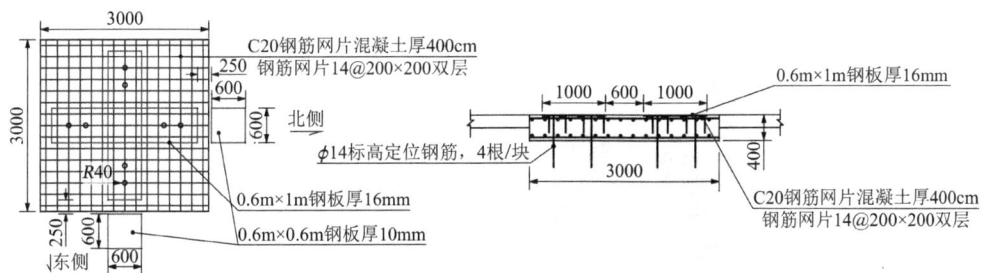

图 3-9　V 形柱平面示意图（尺寸单位：mm）

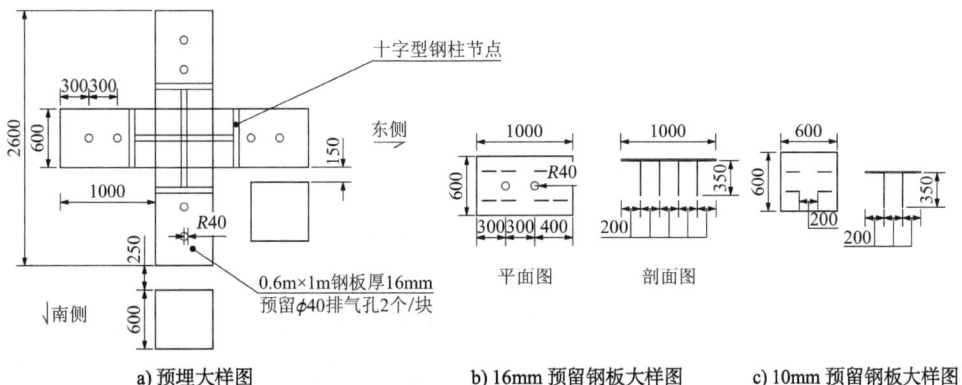

a) 预埋大样图　　　b) 16mm 预留钢板大样图　　　c) 10mm 预留钢板大样图

图 3-10　V 形柱基础预埋钢板示意图（尺寸单位：mm）

图 3-11　预埋钢板示意图

图 3-12　垫层混凝土浇筑示意图

3.3.2　现场放样

施工人员在进行放样作业前，需要先确定放样点的位置。因此，施工人员首要任务是对 V 形柱的坐标展开计算，计算方式分为两种，且这两种方式可相互复核。其一，对 V 形柱的型钢柱与型钢梁进行建模，借助建模可随时调取十字型钢柱在任意位置、任意标高的坐标；其二，通过人工计算十字型钢柱安装节点位置的坐标，根据设计坐标和安装位置的标高来进行计算，每个安装节点需计算出 8 个点位的坐标，即上下端各四个坐标。计算出的坐标与建模调取的坐标完全一致后，方可作为测量放线的依据。如图 3-13 所示。

图 3-13　V 形柱放样点位布置图

在放样点确定完毕后，随机开展对 V 形柱的测量放线工作。首先，将垫层上厚度为 16mm 的钢板予以固定，根据测量放线结果安装十字型钢柱底座，完成安装后对底座上端坐标进行复测，待复测结果无误后固定底座。接着，安装十字型钢节点，安装完成后再反复测量十字型钢节点上、下端 8 个点位坐标，确认无误后固定十字型钢节点。在各层十字型钢柱节点安装完成后，对每层节点上、下端各测量 4 个控制点，根据实测情况，由厂家进行下料来制作中间连接段。V 形柱顶部点位布置图如图 3-14 所示。

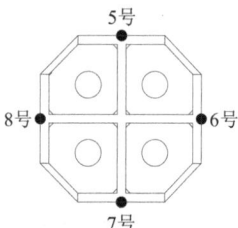

图 3-14　V 形柱顶部点位布置图

3.3.3　V 形柱中间节段型钢安装

黄木岗综合交通枢纽地下 V 形柱,因地下空间狭小存在施工局限性,故而选择采用分段安装的方法进行施工,而中间节段安装定位采用叉车吊装,具体施工步骤如下。

首先将 V 形柱中间节段从吊点起吊,同时安排人工辅助调整 V 形柱中间节段的倾斜角度,并将其放入 V 形柱上下预留空间内,具体吊装施工示意图如图 3-15 所示。调整 V 形柱中间节段上下位置与水平角度,并借助夹板将其与上下预留的 V 形柱接头进行连接,连接夹板采用螺栓连接,V 形柱中间节段连接固定示意图如图 3-16 所示。拆除吊装吊钩后,采用人工对接头进行焊接,并在焊接完成后监测焊缝质量,现场施工如图 3-17、图 3-18 所示。考虑到 V 形柱中间节段在安装时需要预留间隙以便安装,将 V 形柱中间节段减短 2cm(两端各预留 1cm),以便 V 形柱安装到位,V 形柱接头使用全熔透焊焊接。V 形柱连接节点如图 3-19 所示。

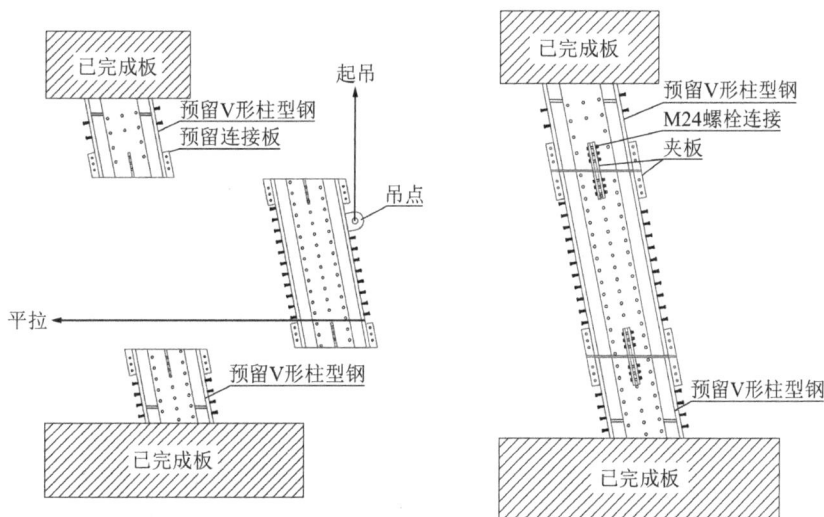

图 3-15　V 形柱中间节段吊装施工示意图　图 3-16　V 形柱中间节段连接固定示意图

图 3-17　V 形柱中间节段吊装现场施工图　图 3-18　V 形柱中间节段吊装完成现场施工图

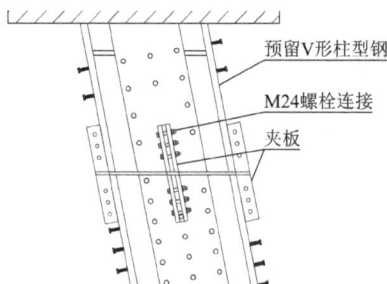

图 3-19　V 形柱连接节点详图

3.3.4　V 形柱的施工

黄木岗综合交通枢纽地下 V 形柱配筋如图 3-20 所示，其钢筋均于现场进行加工制作、安装。鉴于钢筋直径比较大且上、下端钢筋轴线不一致，故而 V 形柱节点上、下端钢筋采用接驳器连接；同时，考虑到上、下端钢筋可能出现错位情况，中间采用 JM-CT 半灌浆套筒连接，即选用上端螺纹连接、下端灌浆连接的接头（半灌浆套筒），如图 3-21 所示。

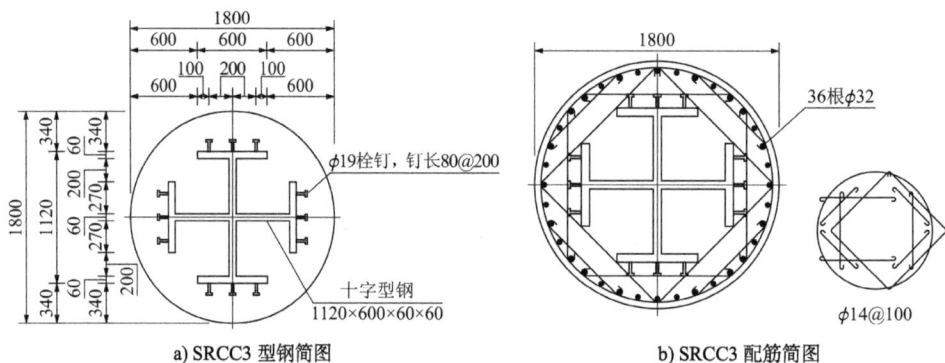

a) SRCC3 型钢简图　　　　　　　　　　b) SRCC3 配筋简图

图 3-20　V 形柱配筋图（尺寸单位：mm）

黄木岗综合交通枢纽地下 V 形柱在施工过程中，均使用钢模板，并在外设 3 根斜向支撑。模板采用钢模板拼装，面板采用 8mm 钢板，周边法兰扁钢规格为 140mm × 100mm × 10mm，竖向内肋骨采用 120mm × 8mm 与 100mm × 63mm × 8mm 钢板；连接孔用 $\phi16$mm × 22mm 长孔，钢材质均为 Q235 钢，V 形柱钢模板施工流程如图 3-22 所示。模板从底部预留接头处向上安装，每安装一节即固定一节。模板顶部采用喇叭口的形式，模板直径扩大至 20cm，顶部加高 30cm。根据 V 形柱中间段的高低，调节下部模板，确保顶部扩大端高于顶部已完成 V 形柱混凝土面 20cm，如图 3-23 所示。模板安装完成后，需对模板安装精度进行复核，检查模板加固情况。

图　3-21

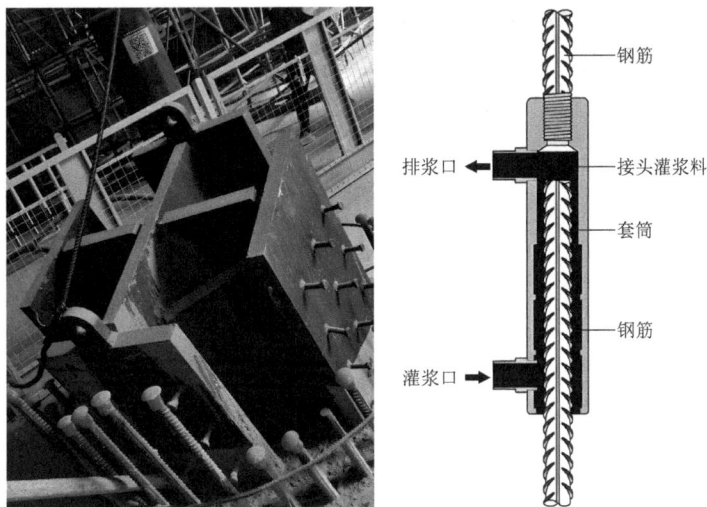

图 3-21　半灌浆套筒示意图

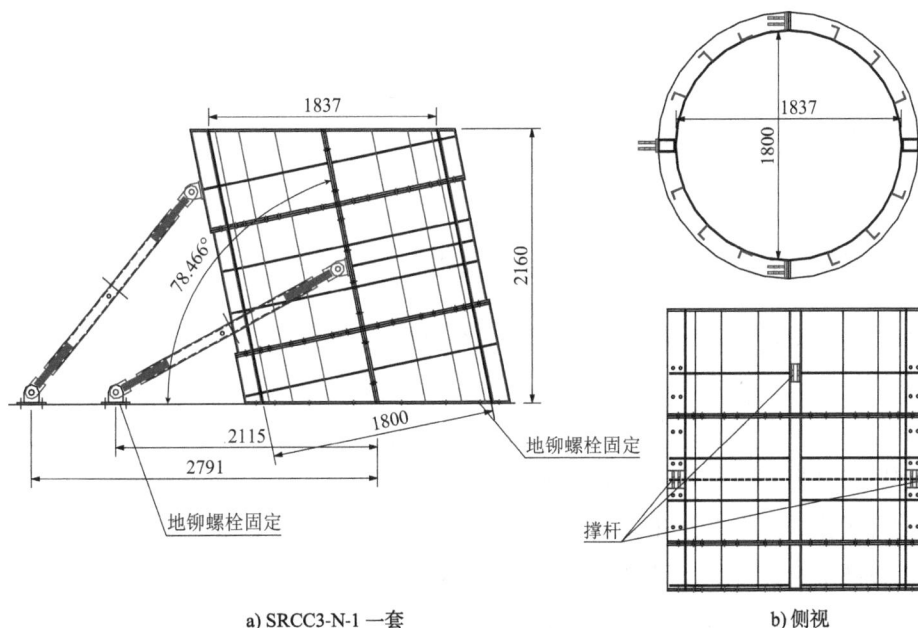

a) SRCC3-N-1 一套　　　　　　　　　　　b) 侧视

图 3-22　V 形柱钢模板施工流程图（尺寸单位：mm）

　　当 V 形柱的钢筋与模板施工全部完成后，随即开始混凝土浇筑作业。浇筑之前，需对模板及其支撑系统、钢筋和预埋件进行隐蔽检查。顶板处先进行 V 形柱施工，后进行顶板施工，且 V 形柱节点采用天泵浇筑，中板处 V 形柱节点采用地泵与板同步浇筑。为切实保证混凝土入模后的自密实性，中间段 V 形柱在浇筑混凝土时可采用 C60 自密实微膨胀混凝土。混凝土从模板顶部喇叭口处放入，分层浇筑，每层厚度为 50cm。浇筑过程中，需不断用铁锤对模板进行敲击，防止内部出现蜂窝麻面。在完成混凝土浇筑后，混凝土面应高出预留接触面 10cm，并采用振捣棒振捣以保证接触面密实。拆除模板后，将喇叭口处多余混凝土凿除干净并打磨平整。V 形柱在拆除钢模板后，需及时采用土工布将已浇筑混凝土进

41

行包裹，并定时洒水养护，养护时间不得小于 14d。

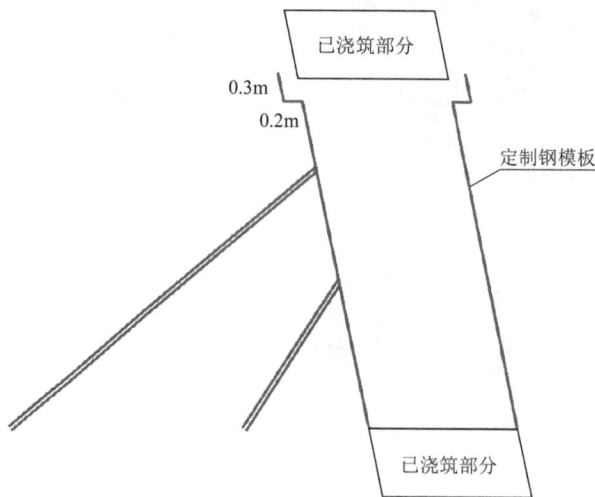

图 3-23 V 形柱中间段模板安装示意图

3.4 V 形柱施工方法优化

3.4.1 安装 V 形柱中间节段的专用起重机

在建筑工程中，V 形柱作为常用构件，常面临复杂的施工需求。有时需将十字型钢柱以倾斜方式连接上下部结构，为确保施工便利性，如便于两端绑扎、焊接等操作，其上、下端面必须与水平面平行。当 V 形柱中间节段被自然吊起时，其姿态难以满足安装要求，需在吊起后对其姿态进行调整。由于缺乏专门设备，只能用牵引缆来调整其姿态，需要大量人员配合操作，操作十分麻烦，而且调节偏差较大，需反复尝试，安装过程费时费力。

为有效解决上述难题，研究团队提出了一种安装斜向十字型钢柱的专用起重机并申请了相关发明与实用新型专利。如图 3-24 所示，该起重机包括车辆和安装在车辆上的随车起重运输车，随车起重运输车包括吊臂、第一液压伸缩机构、连接臂、支撑臂、连接柱、第二液压伸缩机构、拉杆、夹具和吊臂座。

吊臂结构示意图如图 3-25 所示。吊臂的内端与第一液压伸缩机构的传动端连接，外端设置有矩形缺口，矩形缺口两侧的结构体上对称设置两根吊缆。第一液压伸缩机构的壳体与连接臂外端转动连接，连接臂上设置有第一液压杆，第一液压杆的传动端与第一液压伸缩机构壳体的下侧面转动连接。连接臂内端与支撑臂外端转动连接，支撑臂上设置有第二液压杆，第二液压杆的传动端与连接臂中部转动连接。支撑臂内端与吊臂座传动连接，吊臂座安装在车子上。连接柱上端与吊臂下端面连接，连接柱上端位于矩形缺口内侧，连接柱下端与第二液压伸缩机构的壳体连接，第二液压伸缩机构位于矩形缺口内侧。拉杆内端与第二液压伸缩机构的传动端连接，拉杆的轴向与第一液压伸缩机构的伸缩方向平行，第二液压伸缩机构的伸缩方向与第一液压伸缩机构的伸缩方向平行。

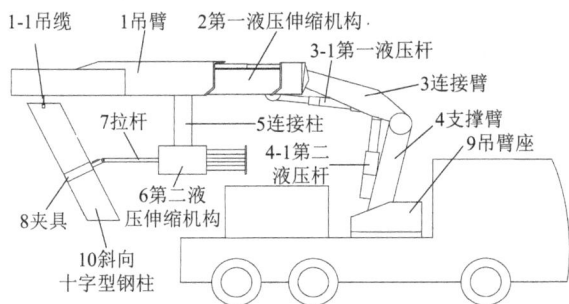

图 3-24　V 形柱中间节段安装专用起重机的结构示意图

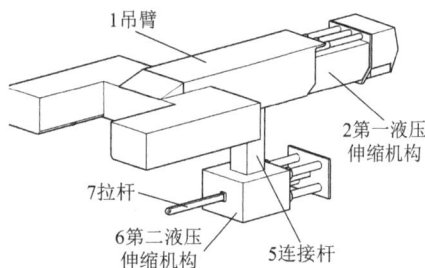

图 3-25　吊臂结构示意图

夹具结构示意图如图 3-26 所示。夹具由支撑板和两块压板组成。支撑板外壁上的连接体与拉杆外端转动连接。压板内端通过弹性伸缩机构与支撑板连接，弹性伸缩机构的伸缩方向与支撑板轴向平行，且无外力时，弹性伸缩机构能使压板紧贴在支撑板上。压板轴向与支撑板轴向垂直，两块压板分别位于支撑板两端。压板外端为 L 形结构，L 形结构的横向段和竖向段上各设置一滚轮，且其转轴与夹具内孔轴向垂直。支撑板内壁上平行设置有多根滚柱，且其转轴与夹具内孔轴向垂直。这里需要说明的是，现有的十字型钢柱，其内芯横截面为十字形，内芯的周向上分别设置了四块钢板，四块钢板分别与十字的四个端部垂直，滚轮和滚柱即用于与钢板外壁接触。此外，连接体还上设置有倾角传感器。

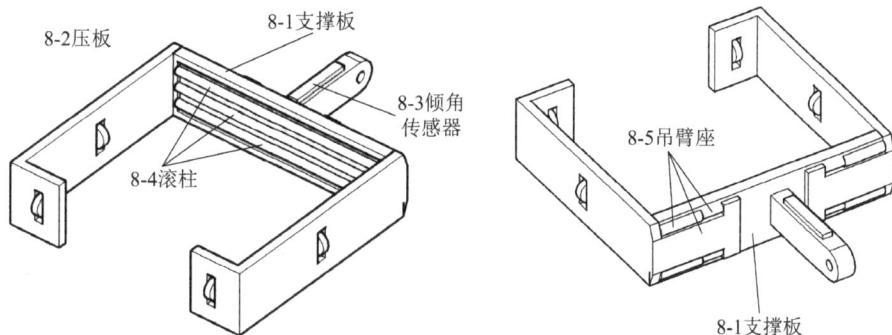

图 3-26　夹具结构示意图

如图 3-27 所示，该起重机正将 V 形柱中间段移入安装位。基于专用起重机，本节还提出了一种安装斜向十字型钢柱的方法，通过专用起重机进行安装操作，具体步骤如下：

（1）斜向十字型钢柱上端的外壁上设置有两个吊耳，两个吊耳分别位于斜向十字型

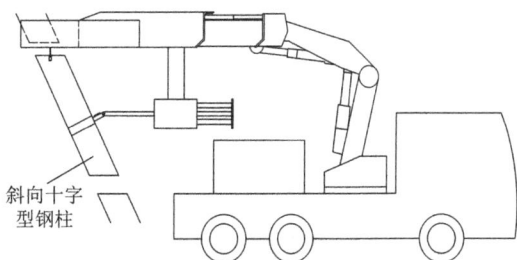

图 3-27　V 形柱中间段安装示意图

43

钢柱两侧且位置对称；将两根吊缆分别系挂在两个吊耳上，然后将斜向十字型钢柱吊至悬空。

（2）通过第二液压伸缩机构调节拉杆的位置，使夹具靠近斜向十字型钢柱，然后将两块压板拉开，使夹具套在斜向十字型钢柱上，然后松开压板，使压板抱紧斜向十字型钢柱。

（3）通过第二液压伸缩机构调节拉杆的位置，在此过程中，通过倾角传感器实时获取倾斜角度数据，当倾斜角度数据达到设定值时，控制第二液压伸缩机构驻停，然后控制车辆移动，将斜向十字型钢柱移至设定的安装位置。

3.4.2 一种用于斜向十字型钢柱安装时辅助定位的装置

为解决不同倾斜角度下的 V 形柱安装时定位偏差大、调整过程繁琐及定位效率低等问题，研究团队提出了一种用于斜向十字型钢柱安装时辅助定位的装置，并申请了相关实用新型专利。辅助定位装置结构见图 3-28，辅助定位装置三视图见图 3-29。

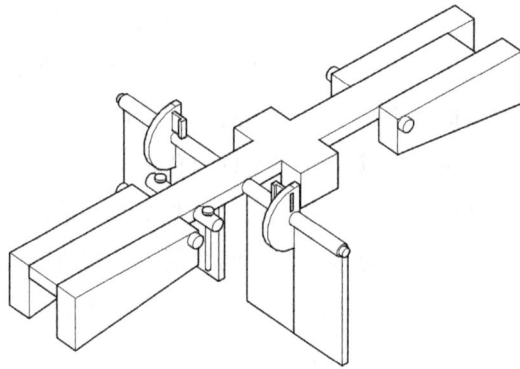

图 3-28 辅助定位装置结构示意图

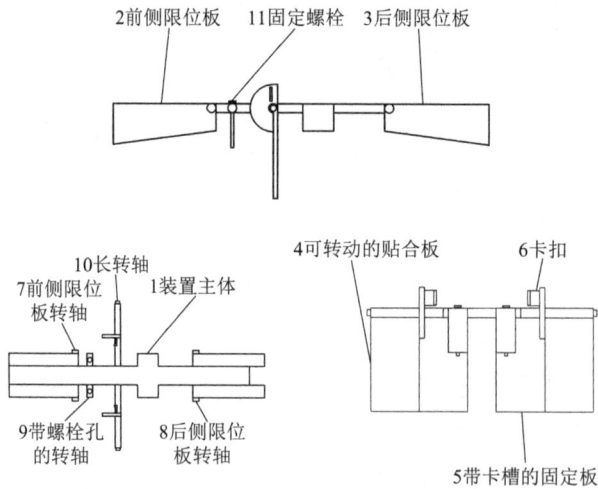

图 3-29 辅助定位装置三视图

辅助定位装置的主体安置于斜向十字型钢柱竖向板顶部，与型钢柱竖向板顶面紧密贴合，为整个装置构建起稳固的放置根基，确保其能精准地对型钢柱执行定位等操作。前侧限位板转轴、后侧限位板转轴及长转轴均与装置主体固接。前侧限位板和后侧限位板均对称设置，可绕各自转轴转动。带卡槽的固定板与带卡槽的半圆盘相互固接，对称设置于长转轴内侧，且可绕其转动。贴合板对称设置于长转轴外侧，并可绕其转动。同时，贴合板靠近装置主体一侧设置有插槽，可通过插入卡扣来锁死与固定板之间的 180°夹角。卡扣可在固定板半圆盘上的卡槽内横向滑动，当卡扣插入贴合板靠近装置主体一侧的插槽时，贴合板与固定板间被固定为 180°夹角。带螺栓孔的转轴可绕装置主体同步转动，其螺栓孔内拧入固定螺栓。固定螺栓可拧入带螺栓孔的转轴并随转轴转动，其底面与固定板贴合，拧紧固定螺栓可将主体结构固定于斜向十字型钢柱顶面。

辅助定位装置使用流程如图 3-30 所示。辅助定位装置具体使用操作步骤如下：①将辅助定位装置的主体结构安放在斜向十字型钢柱下侧的竖向板顶端，贴合板与固定板绕长转轴转动，平稳贴合在斜向十字型钢柱下侧横向板上。②旋转带螺栓孔的转轴，确保固定螺栓垂直于固定板，随后拧紧固定螺栓，将固定板抵紧在斜向十字型钢柱下侧横向板上，达到固定该装置的作用。③调节下侧斜向十字型钢柱的位置，使斜向十字型钢柱上侧竖向板卡入辅助定位装置的前侧限位板与后侧限位板之间，从而将斜向十字型钢柱上侧竖向板与斜向十字型钢柱下侧竖向板辅助定位，并限制在同一竖向平面内，进而使斜向十字型钢柱间的相对位移只能在该竖向平面发生。④旋转贴合板至与固定板呈 180°，插入卡扣至贴合板插槽内，使贴合板与固定板间再无相对转动。⑤移动下侧斜向十字型钢柱在限位板间的竖向平面内运动，用贴合板去贴合斜向十字型钢柱上侧横向板。当调节斜向十字型钢柱，使贴合板完全贴合斜向十字型钢柱上侧横向板时，这就表明此时斜向十字型钢柱下侧横向板与斜向十字型钢柱上侧横向板处于同一平面内，即上方十字型钢柱的每块板件都与下方十字型钢柱相对应的板件处于同一平面内，至此辅助定位完成。⑥松开固定螺栓，取下辅助定位装置，即可完成装置的辅助定位功能。

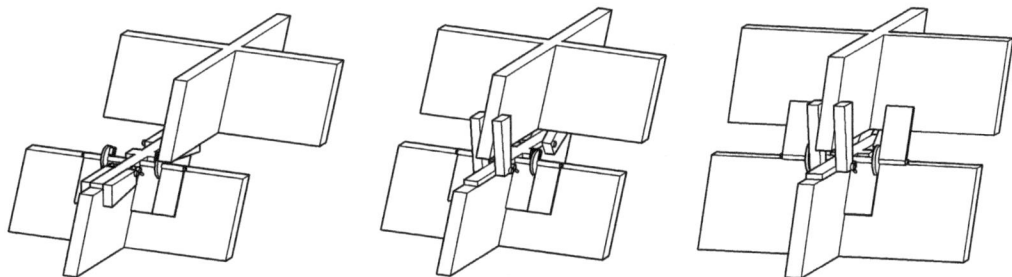

图 3-30　辅助定位装置使用流程图

3.4.3　一种用于防止钢筋错位和触壁的半灌浆套筒

在 V 形柱中间节段的吊装作业进程中，其上、下端钢筋轴线不一致以及上、下端钢筋错位等情况难以避免。为有效攻克此类问题，研究团队提出了一种用于防止钢筋错位和触壁的半灌浆套筒，并申请了相关发明专利与实用新型专利。半灌浆套筒结构如图 3-31 所示，其中，半灌浆套筒剖面如图 3-32 所示，套筒本体剖面如图 3-33 所示。此外，十字滑动件与滑动组件连接的结构如图 3-34 所示。

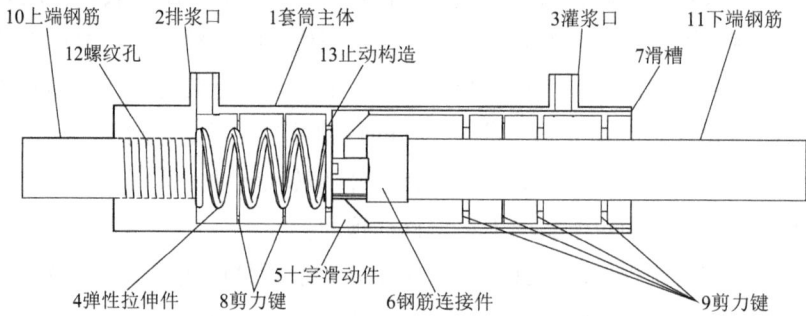

图 3-31　半灌浆套筒结构示意图

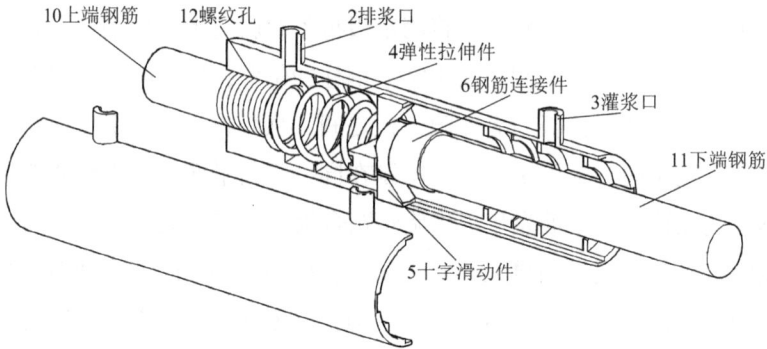

图 3-32　半灌浆套筒结构剖面图

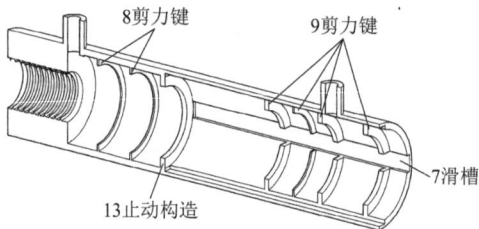

图 3-33　套筒本体剖面图

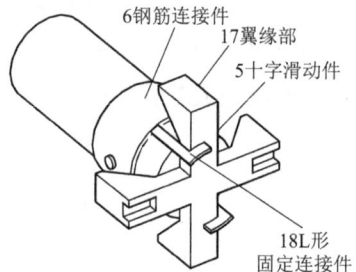

图 3-34　十字滑动件与滑动组件
连接的结构示意图

该半灌浆套筒主要由以下关键部件组成。

（1）套筒本体

作为核心承载部件，套筒本体的轴向两端承担着连接钢筋的重要任务。其结构设计精密，套筒本体上设置有灌浆孔与排浆口。在实际灌浆操作时，灌浆材料从灌浆孔注入，套筒本体内的空气以及多余的灌浆材料会通过排浆口排出，以此确保灌浆过程的密实性，为钢筋连接提供稳固基础。同时，套筒本体内壁构造特殊，与其他部件相互配合，共同实现特定功能。

（2）弹性拉伸件

半灌浆套筒选用弹簧作为弹性拉伸件，将其安装于套筒本体内。弹簧的一端稳固地固定在套筒本体设有螺纹孔的一端，该螺纹孔用于与另一根钢筋对接，且弹簧的固定位置处于螺纹孔末端。弹性拉伸件具备沿套筒本体轴向伸缩的特性，在整个装置的运行过程中，发挥着关键的牵拉作用，对钢筋的位置调整与固定起重要作用。

（3）滑动组件

① 十字滑动件

十字滑动件整体呈十字形，其端部均向内垂直弯折，形成 4 个翼缘部。这种独特的结构设计，使得其能够沿着套筒本体内壁预设的滑槽实现轴向滑动。滑槽与翼缘部的配合经过设计，确保滑动过程的顺畅与稳定，有效避免卡顿现象。此外，十字滑动件沿套筒本体径向设置有限位卡槽，该卡槽用于与卡块配合，从而实现对十字滑动件在套筒本体端口处的限位固定，防止其在非预期情况下发生位移。

② 钢筋连接件

半灌浆套筒采用可套接于钢筋上的中空圆管结构。在中空圆管的缘部轴向设置有 L 形固定连接件，其作用是与十字滑动件进行搭接。为保证连接的可靠性，L 形固定连接件至少设置 2 个，并呈对称分布，且其弯折部的弯折方向相反，这种设计能够均匀地对钢筋施加作用力，确保钢筋在连接过程中的稳定性。中空圆管上还设有连接螺纹孔，通过该螺纹孔可便捷地与钢筋进行连接固定，操作简单且牢固。十字滑动件与钢筋连接件采用可拆卸式固定连接方式，这种设计充分考虑了实际施工中的灵活性需求，方便在不同施工场景下进行组装与拆卸操作。

（4）止动构造

止动构造为沿套筒本体内壁径向凸起形成的环形限位凸台，位于灌浆孔与排浆口之间的套筒本体内壁。环形限位凸台的内径经过精确设计，小于十字滑动件的外径。当十字滑动件在弹性拉伸件的作用下，沿着套筒本体内壁进行轴向滑动时，一旦接触到环形限位凸台，便会立即停止滑动，从而精准地限制了滑动组件的滑动范围。这种止动构造的设计，显著提高了装置在工作过程中的可靠性，确保各部件按照预定的方式协同工作。

（5）剪力键

在套筒本体内对应弹簧和钢筋的位置，设置有剪力键。剪力键为沿套筒本体内壁设置的径向环形凸起，其内径大于弹簧和钢筋的外径。剪力键的主要作用是显著增强套筒本体与钢筋之间的连接强度，有效提升整个结构的力学性能。在实际使用过程中，当结构承受外力作用时，剪力键能够促使钢筋与套筒本体之间协同工作，有效避免钢筋出现错位和触壁等不良现象，从而保障 V 形结构柱中间节段吊装施工的质量与安全。

半灌浆套筒使用流程如图 3-35 所示。其使用方法包括如下步骤：

（1）将上端钢筋表面做螺纹处理，与螺纹孔机械连接。

（2）将钢筋连接件套于下端钢筋端部，并将套有钢筋连接件的下端钢筋靠近十字滑动件，通过旋转钢筋连接件即可实现其与十字滑动件的锁定。随后，将螺栓拧入连接件螺纹孔中，使钢筋连接件与下端钢筋不再发生相对运动。

（3）拔出十字滑动件两侧卡槽中的卡块，在弹簧拉力作用下，带动下端钢筋向套筒上端运动，直至十字滑动件接触到环形止动构造时停止运动。此时，弹簧仍处于张拉状态，持续提供轴向拉力，与十字滑动件锁定的下端钢筋在轴向拉力的作用下绷直，与上端钢筋轴心相对，不会出现钢筋错位或触壁的情况。

（4）从灌浆口开始灌入灌浆料，直至灌浆料从排浆口溢出，充满整个内筒后结束注浆。

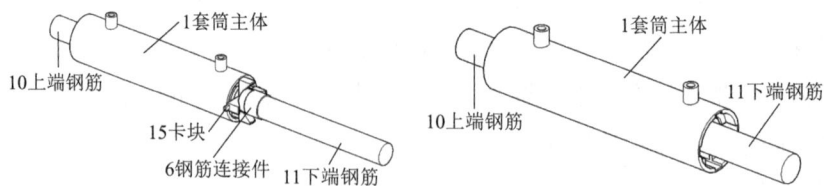

图 3-35　半灌浆套筒使用流程图

3.4.4　一种用于斜柱钢模板角度调节的支撑构造

V 形柱模板施工时，由于 V 形柱自身存在一定倾斜角度，在搭设模板进行现浇作业过程中，必须精准控制其斜率，以此保证施工质量及精度。传统施工方法通常采用搭设满堂支架作为斜柱模板的支撑结构，但此方法存在占用空间大、效率低、精度差且费时费力等诸多弊端。尤为关键的是，传统施工方式无法实现对斜柱角度的任意调整。特别是在面对施工环境狭窄的地下工程，且存在多个悬空面的大型斜柱时，传统的钢模板及钢模板支架无法解决上述问题。这不仅严重影响施工进度，还可能对工程整体质量造成潜在威胁。为解决上述问题，研究团队提出了一种用于斜柱钢模板角度调节的支撑构造，并申请了相关发明专利与实用新型专利。用于斜柱钢模板角度调节的支撑结构如图 3-36 所示，支撑底座结构如图 3-37 所示，顶升调节板结构如图 3-38 所示，第一支撑柱组件如图 3-39 所示。

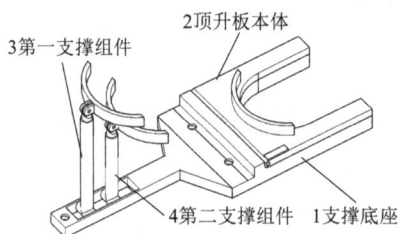

图 3-36　用于斜柱钢模板角度调节的
支撑结构示意图

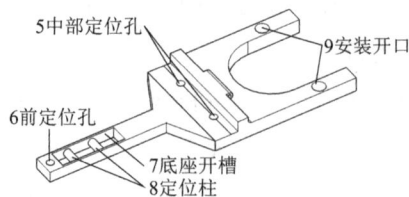

图 3-37　支撑底座结构示意图

这种用于斜柱钢模板角度调节的支撑构造，由多个关键部分协同组成，以实现对斜柱钢模板的精准支撑与角度调节。其主要构成如下。

（1）支撑底座

作为整个支撑构造的基础部件,支撑底座发挥着承载与定位的关键作用。它不仅为顶升调节板和调节柱机构提供安装支撑,还在自身结构上具有精心设计。支撑底座上设有安装开口,用于安装液压顶升机构,同时还开设有定位安装孔,这些结构设计为后续部件的安装与协同工作奠定了基础。此外,在支撑底座前端设有底座开槽,该开槽用于精准安装第一支撑柱组件和第二支撑柱组件,确保支撑柱组件能够稳定地对斜柱钢模板进行支撑。

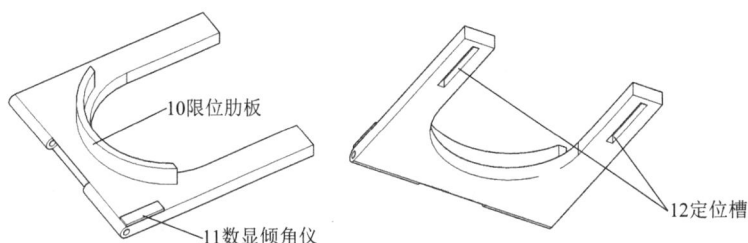

图 3-38　顶升调节板结构示意图

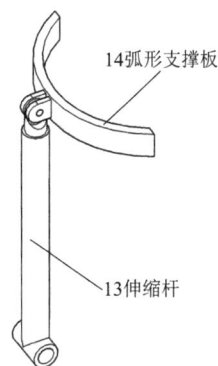

图 3-39　第一支撑柱组件示意图

（2）顶升调节板

顶升调节板铰接于支撑底座之上,主要用于对斜柱钢模板的底部进行支撑调节。它由顶升板本体和限位肋板组成。顶升板本体形成了两个顶升支臂,两个顶升支臂之间构成 U 形开槽,且两个顶升支臂结构相同并相对于 U 形开槽对称布置。顶升支臂下表面开设有定位槽,此定位槽与液压顶升机构的上端配合使用,通过液压顶升机构的伸缩,能够方便地对顶升调节板的倾斜角度进行调节,从而满足不同混凝土斜柱成型角度的需求。限位肋板沿顶升板本体向上凸起形成,其采用弧形结构设计,主要功能是对斜柱钢模进行支撑限位,防止钢模板在施工过程中发生位移。

（3）调节柱机构

调节柱机构由结构相同的第一支撑柱组件和第二支撑柱组件构成,其铰接于支撑底座前端,用于对斜柱钢模板的顶端进行支撑调节。以第一支撑柱组件为例对调节柱结构进行介绍,它包括安装于底座开槽内的定位柱,定位柱起到稳固安装的作用;外套安装于定位柱上的调节伸缩杆,调节伸缩杆下端形成有配合定位柱安装的伸缩杆外套管,通过调节伸缩杆的伸缩,可以灵活调整支撑高度;铰接于调节伸缩杆端部的弧形支撑板,弧形支撑板用于对斜柱钢模板进行限位支撑,确保钢模板顶端位置稳定。

（4）其他辅助部件

为了进一步提升支撑构造的使用便利性与施工精度,支撑底座上安装了液压顶升机构,该机构与顶升调节板顶升支臂下表面的定位槽配合使用,实现对顶升调节板的角度调节。

同时，顶升调节板上安装有数显倾角仪，能够实时显示顶升调节板使用时的倾斜角度，方便施工人员随时掌握角度数据，从而进行精准施工。

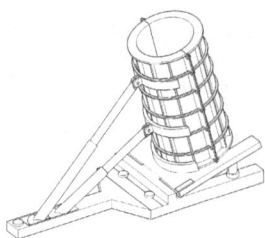

图 3-40　斜柱钢模板安装示意图

斜柱钢模板安装示意如图 3-40 所示。该斜柱钢模板支撑构造，可通过调节柱机构以及顶升调节板，快捷精确地调整斜柱钢模板的角度，提高 V 形柱的施工精度。该支撑结构体积小，适用于地下等狭窄施工环境，支撑牢靠且可反复使用、适用性广。

3.5　安装精准定位技术和测量放样

黄木岗综合交通枢纽地下 V 形柱是由上、下两端预留 V 形柱柱型钢与 V 形柱中间节段多层分段拼接而成的，因此需要精准的定位安装技术，具体安装施工流程如图 3-41 所示。

3.5.1　V 形柱测量放样

为保障 V 形柱施工过程中安装定位的准确性，需对施工全过程进行测量放样。首先要对需要测量定位的 V 形柱顶部坐标、底部坐标及标高进行计算。

在进行 V 形柱施工测量时，应提前将需要安装的 V 形柱底部坐标点放在预埋钢板上，并将其在预埋钢板上标记出来，便于施工时定位。随后，根据现场实际情况挑选合适的位置，固定测量仪器，并进行 V 形柱吊装，确保 V 形柱底部八个点与预埋钢板上的点全部重合，再对其进行临时固定。之后，测量 V 形柱顶部坐标，现场同步测量并调整 V 形柱的倾斜角度，直至 V 形柱顶部、底部及标高复核无误后，再进行固定。在此过程中，V 形柱允许偏移误差应小于自身长度的 1/2000，且不大于 10mm。

型钢梁施工测量时，应在 V 形柱定位完成后，安装型钢梁固定台架，放出型钢梁轴线及底标高，对台架位置及台架上千斤顶高度加以调整。随后，按照放出的轴线进行型钢梁的安装。安装完成后，需测量型钢梁的轴线、顶标高及底标高，并根据设计坐标对其轴线位置、标高及型钢梁垂直度进行调整，直至型钢梁实测坐标满足设计要求后，将型钢梁进行固定并与 V 形柱焊接。

施工准备 → 测量放样 → 型钢梁、柱吊装 ← 型钢梁、柱加工对接 → 型钢梁、柱定位 → 型钢梁、柱加固 → 测量复核

图 3-41　V 形柱安装流程图

3.5.2　V 形柱安装定位技术

V 形柱安装施工前，按照测量放样所确定的轴线，施工人员需要使用测量尺丈量并弹出 V 形柱的安装边线，紧接着在安装边线处焊接定位钢板。完成上述准备工作后，便进入

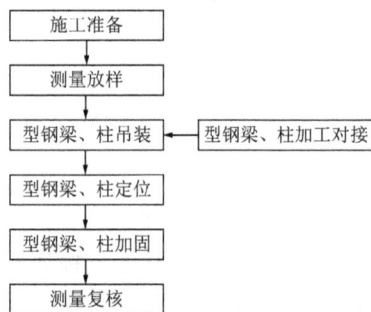

V 形柱的吊装环节。V 形柱吊装示意如图 3-42 所示。型钢梁在绑吊过程中，采用两点起吊方式，吊索与水平线所成夹角不宜小于 45°，以此确保起吊的稳定性。其中一个吊点设置在柱顶，并为钢板焊接吊耳；另一个吊点采用钢丝绳（或吊带）捆绑在梁上，实际操作时，绑扎点可根据现场情况灵活调整，确保型钢梁柱起吊后保持平整状态。同时，为有效控制型钢梁柱起吊过程中的转动，需在两端加设缆风绳。吊装作业时，为防止钢梁吊起后出现摇摆现象，避免与其他构件发生碰撞，在起吊前，施工人员需在 V 形柱两端绑扎好缆风绳。在起吊过程中，随着钢梁的上升，施工人员同步缓慢放松缆风绳，以此保障 V 形结构柱在吊运过程中的位置精准以及姿势正确。

当 V 形柱就位后，需借助全站仪对梁顶标高、轴线、V 形柱垂直度及角度进行复核。在调整 V 形柱轴线时，采用起重机起吊配合人工左右移动的方式进行微调，确保轴线偏差小于 3mm。梁顶标高利用临时支架在梁底施加作用力，对梁顶标高进行微调，最终达到设计标高，要求梁顶标高偏差控制在 ±2mm 范围内。同时，型钢柱垂直度小于 1mm。V 形柱定位完成后，需对 V 形柱施作防倾覆措施，在型钢梁端头采用 H 型钢支撑柱支撑，确保型钢梁稳定，不出现晃动现象。V 形柱加固措施如图 3-43 所示。在型钢梁与型钢柱加固完成后，采用全站仪对型钢梁的轴线、标高再次进行复核。

图 3-42　V 形柱吊装示意图　　　　图 3-43　V 形结构柱加固措施

3.6　本章小结

本章围绕 V 形柱在狭小空间内施工难度大、效率低及准确性差的问题，以黄木岗综合交通枢纽地下大型 V 形柱的总体设计为基础，提出了一种适用于地下 V 形柱分段精准拼

装的施工方法，可满足大型 V 形柱在地下狭小空间内的安装需求。其次，本章提出了针对
V 形柱中间节段的精准定位和吊装技术，并通过吊装与定位方案设计，保证型钢柱安装倾
斜角度在设计及规范规定要求内。同时，针对 V 形柱钢筋连接与纠偏的问题，本章提出了
对应的施工工艺流程。除此之外，还提出了优化 V 形柱施工的方法。主要结论如下：

（1）V 形柱在安装时需与主体结构纵梁及横梁进行连接，鉴于 V 形柱倾斜角度不统
一，施工各层板时应先预留十字型钢柱节点的接头平面位置，并通过测量找准各层板预留
十字型钢柱节点位置，之后再加工中间 V 形柱段并拼装至相应位置。通过这种方式可以使
V 形柱在狭小空间内更方便、快捷、高效率运输和吊装。

（2）为保证型钢柱安装倾斜角度在设计及规范规定要求内，本章提出了一种 V 形柱安
装定位技术，确保在 V 形结构柱每根倾斜角度均不一样的情况下，顺利完成施工，并使每
层中间 V 形柱中间节段能精准安装至合适位置。

（3）V 形柱分段拼装时，若 V 形柱节点上、下端钢筋直径较大且轴线不一致，则采用
接驳器连接节点上、下端钢筋；若上、下端钢筋出现错位情况，则中间可采用 JM-CT 半灌
浆套筒连接。

—— 第 **4** 章 ——

V 形柱拼装误差对结构体系
受力性能的影响

4.1 概述

由于地下施工空间有限，加之 V 形柱尺寸大、高度高且倾角多变，故本工程采用盖挖逆作法开展施工。如图 4-1 所示，地下 V 形柱结构具体施工流程如下：从上至下先施工每层板和 V 形结构柱上、下节点。由于 V 形柱需要与主体结构纵梁及横梁进行连接，且倾斜角度不统一，所以在施工各层板时，要提前预留十字型钢柱节点的接头平面位置。通过测量施工各层板时预留的十字型钢柱节点位置，再加工中间 V 形柱段，依据吊装、定位方案将其拼装到相应位置，以确保钢柱安装的倾斜角度符合设计及规范要求。同时，由于钢筋直径较大且上、下端钢筋轴线不一致，V 形柱节点上、下端钢筋需采用接驳器连接。在此过程中，上、下端钢筋易出现错位情况，中间采用 JM-CT 半灌浆套筒连接，即上端螺纹连接、下端灌浆连接的接头（半灌浆套筒）。施工方案为先采用临时钢管混凝土柱支撑，再从地下一层至地下四层逆作各层梁、板。由于 V 形柱与主体结构横、纵梁均连接，倾斜角度不断变化，施工各层梁、板的同时要预留钢柱节点，然后从地下四层至地下一层依次顺作 V 形柱主段。通过测量施工各层板时预留的十字型钢柱节点位置，加工中间 V 形柱段。如图 4-2 所示，先利用叉车将其运输至相应位置，再通过起重机配合人工调整 V 形柱型钢柱倾斜角度，将 V 形柱型钢柱放入 V 形柱上、下预留空间内进行拼装，以此实现 V 形柱在有限空间内的高效率施工。

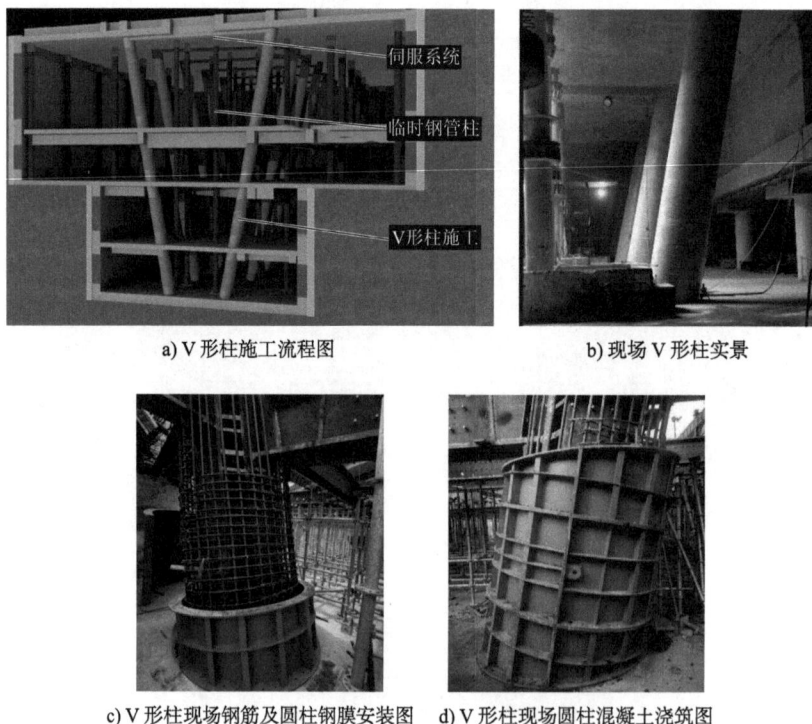

a) V 形柱施工流程图

b) 现场 V 形柱实景

c) V 形柱现场钢筋及圆柱钢膜安装图　　d) V 形柱现场圆柱混凝土浇筑图

图　4-1

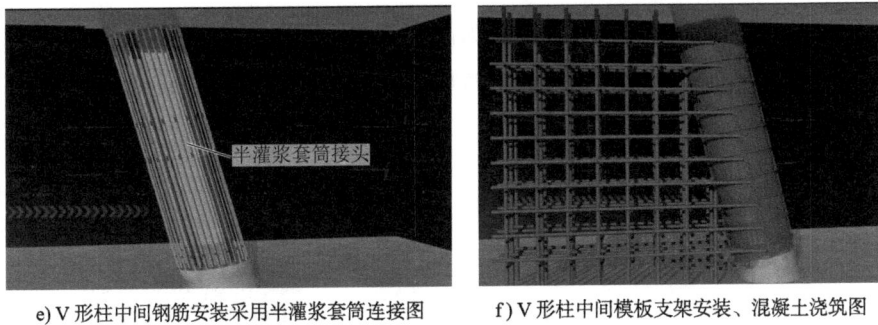

e) V 形柱中间钢筋安装采用半灌浆套筒连接图   f) V 形柱中间模板支架安装、混凝土浇筑图

图 4-1 地下 V 形柱结构具体施工流程

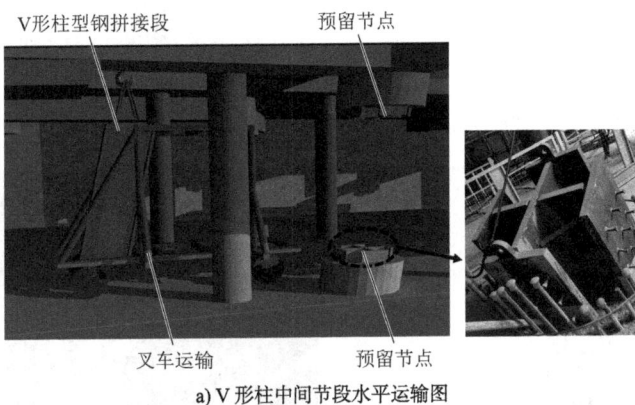

a) V 形柱中间节段水平运输图

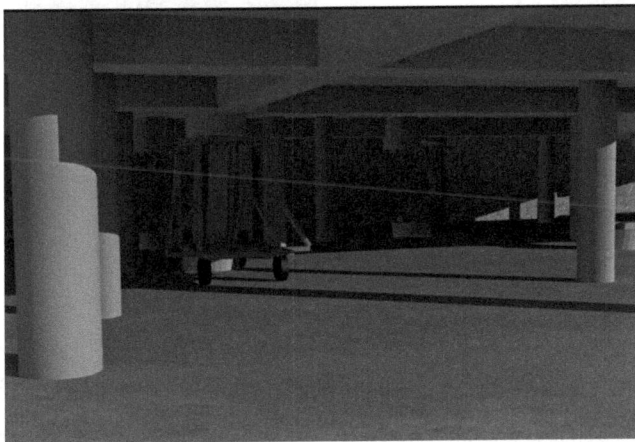

b) V 形柱中间节段安装就位图

图 4-2 V 形柱节点图

待 V 形柱施工完成并达到设计强度后，借助临时支撑柱顶伺服系统实现受力体系转换。在 V 形柱的实际施工过程中，地基沉降、梁板侧移、测量误差、加工误差及操作误差等，均会导致 V 形柱在分段柱拼节点处产生较大误差。V 形柱拼接节点安装流程如图 4-3 所示。从整个拼装过程可知，V 形柱于每层有上、下两个拼接节点。待 4 层 V 形柱段全部施工完成，形成一根完整 V 形柱后，累计共有 8 个拼接节点。

为厘清 V 形柱拼接节点误差对结构的影响，本章采用确定性与随机性分析方法展开研究。以地下 V 形柱结构的单榀框架模型作为研究对象，开展确定性分析，明确 V 形柱拼接节点误差对 V 形柱受力性能的影响程度，并量化分析在相应误差作用下其力学性能随误差大小的变化关系，厘清节点偏差影响规律。

a) V 形柱拼接节点吊装模拟图

b) V 形柱拼接节点定位模拟图

c) V 形柱拼接节点固定模拟图

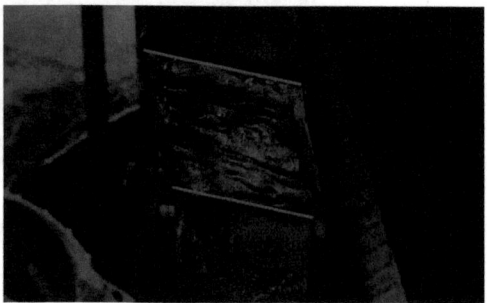

d) V 形柱拼接节点处偏差

图 4-3   V 形柱拼接节点安装流程图

4.2   拼接误差确定性分析

本节采用定量分析法分析 V 形柱拼接节点误差对结构的影响。定量分析是对事物或事物的各个组成部分进行数量分析的一种研究方法，依据统计数据建立数学模型，并借助数学模型计算出研究对象的各项指标及其数值。常见的定量分析法包括比率分析法、趋势分析法及数学模型法等。定量分析法的优势在于其具有实证性、明确性及客观性等特点，但在实际应用过程中，需要研究者具备一定的数学知识。本节采用定量分析法，针对节点偏差赋予特征值，能够较为简单地借助数值模拟，计算出有无偏差下结构的力学性能变化，从而得到误差大小对结构的影响程度和规律。

4.2.1   对象选取

由前文可知，V 形柱的倾角处于 $10.79° \sim 13.05°$ 之间。本节选定位于轴线 20 号、倾角为 13° 的 V 形柱所在横断面为研究对象，如图 4-4 所示。这里的荷载形式与荷载组合均与上述章节保持一致。研究过程中，将通过对拼接节点施加强制位移的方式，来模拟节点误差。

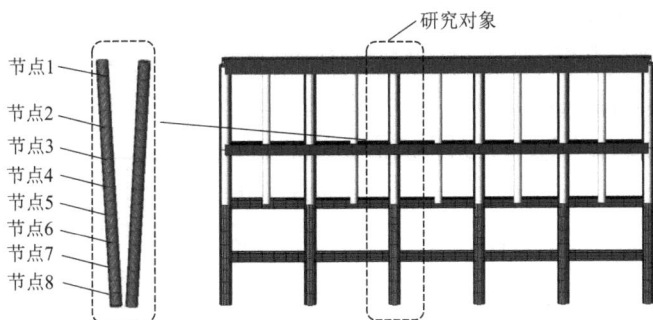

图 4-4　研究对象

4.2.2　单个节点误差对 V 形柱应力的影响

（1）节点误差大小对 V 形柱应力的影响

本节选定沿轴线方向的误差作为计算切入点，目的在于深入探究不同节点的拼装误差对结构的影响程度。针对单根 V 形柱所包含的 8 个拼接节点，逐一施加同向误差。根据《钢结构工程施工质量验收标准》（GB 50205—2020）[66]，钢结构拼装相应要求详见表 4-1、表 4-2。其节点误差限值为 3mm，而现场部分节点误差较大，超过规范限值，遂取五个误差梯度 1mm、2mm、3mm、4mm、5mm 与无误差状态下的 V 形柱应力对比。

有、无节点误差情况下的 V 形柱应力图如图 4-5 所示。由图 4-5a）可以看出，无节点误差情况下，V 形柱在顶层梁柱节点处与地下四层柱段的应力值最大。由图 4-5b）可以看出，若在节点 5 处（位于地下三层）单独加一个偏移，则该节点处应力值及其所在的地下三层柱段应力值都将显著增大，其他柱段应力值也有小幅度的增加。同时，对其他节点单独施加偏移的分析结果与之类似。这表明单个节点的拼装误差对 V 形柱有较大影响，特别对于发生误差的节点处和该节点所在柱段影响较大。

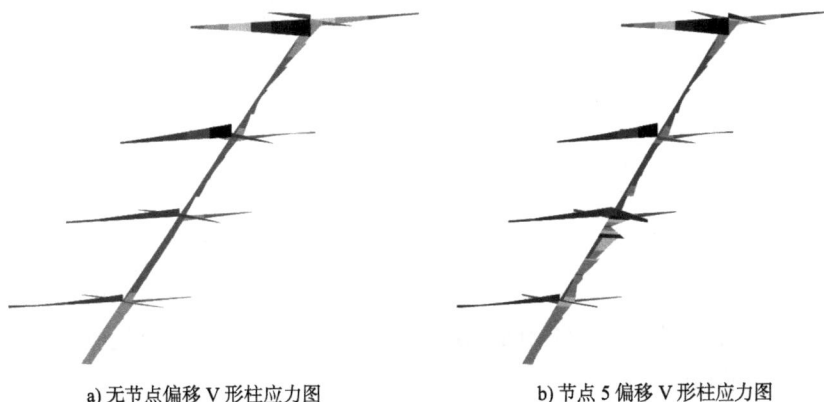

a)无节点偏移 V 形柱应力图　　　　　　b)节点 5 偏移 V 形柱应力图

图 4-5　V 形柱应力图

柱的工地拼装接头焊缝组间隙允许的偏差   表 4-1

项目	允许偏差（mm）
无垫板间隙	+3.0
	0
有垫板间隙	+3.0
	−2.0

钢柱安装的允许误差   表 4-2

项目		允许误差（mm）	图例	检验方法
柱脚底部中心线对定位轴线的偏移Δ		5.0		吊线和钢尺等实测
柱子定位轴线Δ		1.0		—
柱基准点标高	有起重机梁的柱	+3.0		水准仪等实测
		−5.0		
	无起重机梁的柱	+5.0		
		−8.0		
弯曲矢高		$H/1200$，且不大于 15.0	—	经纬仪或拉线和钢尺等实测
柱轴线垂直度	单层柱	$H/1000$，且不大于 25.0		经纬仪或吊线和钢尺等实测
	多层柱 单节柱	$H/1000$，且不大于 10.0		
	柱全高	35.0		

    单个误差节点应力值随该节点误差大小的变化趋势如图 4-6 所示。不难看出，节点处应力值随节点误差的增加而线性增加，误差达到规范限值 3mm 时，发生误差处的节点应力值增加了接近 1 倍，最大可达 111MPa。误差达到 5mm 时，误差节点处应力值增加了接近 2 倍，最大可达 147MPa。

    单个拼接节点发生误差时所在 V 形柱的最大应力值随该节点误差大小的变化趋势如

图 4-7 所示。当节点误差大小未超过 2mm 时，V 形柱最大应力值随误差大小增加而缓慢上升；当节点误差大小在 2~5mm 时，V 形柱最大应力值随误差大小增加而急剧上升。这是因为，当误差小于 2mm 时，V 形柱的最大应力位于柱顶，随着偏移量的增加，应力增长幅度较小；当偏移量超过 2mm 后，最大应力转移至发生偏移的节点处，且随偏移量增加呈线性增加。当偏移量取规范限值 3mm 时，柱的最大应力值可达 121MPa，为无偏移时应力值的 1.8 倍。当偏移量取 5mm 时，柱的最大应力值可达 157MPa，为无偏移时应力值的 2.4 倍。

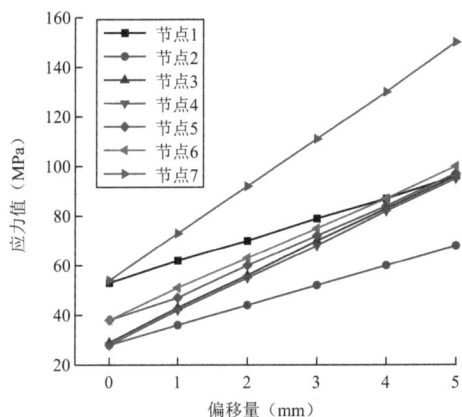

图 4-6　单个误差节点应力值随误差大小线性变化趋势图

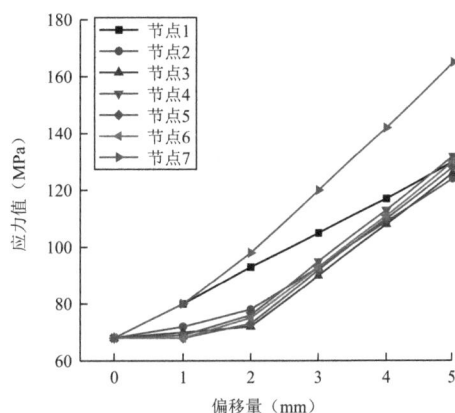

图 4-7　单个拼接节点误差下 V 形柱最大应力值随误差大小变化趋势图

4.2.3　多个节点误差组合对 V 形柱应力的影响

本节分别针对单根 V 形柱的多个拼接节点，设置了误差限值为 3mm 的节点误差组合和误差限值为 5mm 的节点偏差组合。基于误差大小与误差方向对 V 形柱的影响规律，为探究不同误差组合可能导致的 V 形柱最大应力值，在构建多个节点误差组合时，选取单个节点误差所取限值，并采用最不利误差方向进行组合。经计算，两个节点共有 28 种偏差组合，三个节点共有 56 种偏差组合，四个节点共有 70 种偏差组合，五个节点共有 56 种偏差组合，六个节点共有 28 种偏差组合，七个节点共有 8 种偏差组合，八个节点共有 1 种偏差组合，取不同数量节点误差组合下 V 形柱最大应力值的最大值和平均值结果汇总，见表 4-3。

不同数量节点误差组合下的 V 形柱最大应力值的最大值和平均值　　表 4-3

节点偏移量	3mm		5mm	
节点组合	最大值（MPa）	平均值（MPa）	最大值（MPa）	平均值（MPa）
两节点组合	139	131	270	199
三节点组合	150	140	273	237
四节点组合	158	142	275	270
五节点组合	163	156	286	281

节点偏移量	3mm		5mm	
节点组合	最大值（MPa）	平均值（MPa）	最大值（MPa）	平均值（MPa）
六节点组合	167	163	287	285
七节点组合	166	165	290	289
八节点组合	166	165	291	291

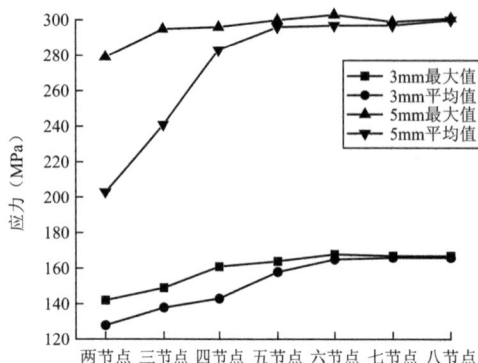

图 4-8　不同数量节点误差组合下 V 形柱最大应力值的最大值和平均值示意图

不同数量节点误差组合下 V 形柱最大应力值的最大值和平均值情况如图 4-8 所示。当误差节点数量小于 5 个时，V 形柱的最大应力值随节点数量的增加而呈现出较为显著的上升趋势。而当误差节点继续增加至 6 个时，V 形柱的最大应力值基本趋于稳定。在无误差的理想状态，V 形柱最大应力值为 70MPa。当多个拼接节点产生误差限值为 3mm 的误差组合时，V 形柱的最大应力值可达 167MPa，为无误差时应力值的 2.4 倍。而当多个拼接节点产生误差限值为 5mm 的误差组合时，V 形柱的最大应力值可达 291MPa，为无误差时应力值的 4.2 倍。

4.3　本章小结

本章运用确定性分析方法，深入探究了 V 形柱拼接节点误差对结构的影响。通过选取地下 V 形柱结构单榀框架模型进行确定性分析，明确了节点误差对结构受力性能的影响程度，同时对在相应误差作用下，结构力学性能随误差大小的变化关系进行了量化分析，从而清晰地梳理出节点偏差的影响规律。基于以上分析，得出如下结论：

（1）V 形柱拼接节点误差对构件力学性能影响较显著。当单个节点出现误差时，该误差节点处及其相邻柱端的应力会发生较大变化，而对其他柱段应力影响相对较小。

（2）误差节点处的应力值和柱的最大应力值，与节点误差大小基本呈正线性相关。当误差大小达到规范限值 3mm 时，柱的最大应力值可达无误差时的 1.8 倍。当误差大小增大至 5mm 时，柱的最大应力值可达无误差时的 2.4 倍。

（3）当多个拼接节点产生误差限值为 3mm 的误差组合时，V 形柱的最大应力值可达无误差时应力值的 2.4 倍；而当多个拼接节点产生误差限值为 5mm 的误差组合时，V 形柱的最大应力值可达无误差时应力值的 4.2 倍。

V 形柱节点拼接误差限值分析

5.1 概述

在实际工程施工过程中，节点偏差并非固定为某个确切数值。第 4 章所开展的误差定量分析，是基于一定梯度的确定值进行的。同时，由于人为开展误差组合计算，涉及的数据与统计数据都较多，因此当时仅考虑了单根 V 形柱的误差。从研究误差影响效应和规律的角度而言，这种分析方式是可行的。然而，从数学层面审视，其缺乏严格的合理性，且无法得到整体结构误差组合效应的影响结果。在 V 形柱的实际施工过程中，各节点误差会随机且持续发生。第 4 章针对施工中的节点误差进行了确定性分析，结果显示各节点误差对结构力学性能影响显著。而本章在第 4 章的基础上，充分考虑误差的随机性和组合性，通过构建地下 V 形柱结构整体的分析模型，对拼接节点误差进行随机性分析，进而获取结构各构件对节点误差的响应关系。因此，更为合理的分析应充分考虑拼接节点误差在实际施工中的随机性，并通过一定的概率要求加以控制，如此得出的结论才更具一般性的工程价值。

5.2 基本理论

本节针对拼接节点误差开展随机误差分析。所谓随机误差，是指在测量过程中，因一系列相关因素产生的微小随机波动，进而形成的具有相互抵偿性的误差，它也被称作偶然误差和不定误差。具体操作是：先生成大量的随机数据，以此模拟施工过程中节点误差的出现情况。同时，借助敏感性分析与可靠性分析手段，研究节点误差对结构不同构件的影响程度，以及节点误差在随机发生的情况下，对地下 V 形柱结构体系极限承载力的影响。最终，依据分析结果提出节点误差限值，为实际施工提供具有参考价值的指标。

5.2.1 蒙特卡罗抽样

有限元软件（Ansys）提供的概率设计方法包括蒙特卡罗法和响应面法两种，在实际计算过程中，通常采用蒙特卡罗法。蒙特卡罗法是一种近似推断的方法，主要通过对大量粒子进行采样，以此来求解期望、均值、面积及积分等问题。此外，蒙特卡罗法对某一种分布有直接采样、接受拒绝采样与重要性采样三种采样方法，直接采样最为简单，但需要已知累积分布的形式。蒙特卡罗法又称统计模拟方法，在 20 世纪中期，随着科学技术的不断发展和电子计算机的发明，这种基于概率模型生成随机变量，以模拟实际问题中随机因素发生的数值计算方法应运而生。该方法运用随机数（或更常见的伪随机数），不仅可以解决既定问题，也能解决随机问题。每一次对变量的数值模拟过程，均可看作一次实际发生的工程实验。其主要思想为：事件的概率可以用大量试验中发生的频率来估计，当样本容量足够大时，可认为该事件的发生频率即为其概率。因此，采用此方法可以模拟计算在实际工程中节点误差对地下 V 形柱结构体系结构性能所产生的影响。

蒙特卡罗法一般常用两种抽样方法来解决实际问题，即随机抽样法与拉丁超立方抽样法。后者可减少计算负载，缩小每次模型运行的参数规模，使其效率更高且结果更精确。而随机抽样法是在整个样本空间中进行随机抽样，在基本事件服从平均分布时结果较为精确，但蒙特卡罗模拟中的基本事件一般不会是如此理想化且简单的平均分布，而更有可能服从正态分布、泊松分布等较为复杂但更接近实际的分布。拉丁超立方抽样法是一种基于分层的采样方法。举例来说，假设要在[0,100]样本空间内抽取随机样N次，随机抽样法是直接从[0,100]抽取随机数，而拉丁超立方抽样法是在抽样前将样本空间化为N个互不相关的等间距样本空间，然后在每个样本空间中再进行随机抽样，最后再将抽取的样本打乱顺序，从而得到最终的结果。这就保证了拉丁超立方抽样法抽取的原始样本较为均匀且全面，有效避免了重复抽样的发生，显著提高了抽样效率。

由样本统计量所构造的总体参数的估计区间被称为置信区间。在统计学中，对于一个概率样本而言，其置信区间是对该样本的某个总体参数的区间估计。置信区间所展现的是某个参数的真实值在一定概率下落在测量结果周围的程度，如图 5-1 所示。

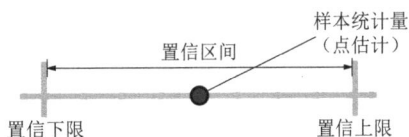

置信区间反映的是被测量参数测量值的可信程度，即前述所求的一定概率，这个概率被称为置信水平。例如，假设抽取了 1000 个样本，在不断改变样本的情况下，由这 1000 个样本所构造的总体参数的 1000 个置信区间中，若有 95% 的区间包含了总体参数的真正值，而其余 5% 的区间未包含，那么这个 95% 就被称为置信水平，即 $1-\alpha$（α 为显著性水平）。常用的置信水平如图 5-2 所示。

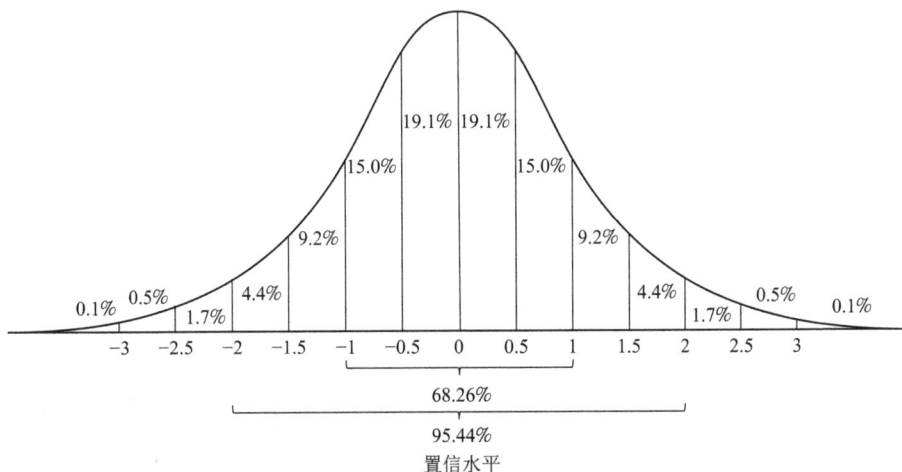

图 5-1　置信区间

图 5-2　常用的置信水平

5.2.2　敏感性分析基本原理

敏感性分析的核心任务是从大量设计变量中精准识别出对结构有重要影响的敏感性因素。大型有限元软件 Ansys 中的敏感性分析是基于有限元的概率设计，能够评估输入参数的不确定性给体系输出参数造成的影响及其相关特性。Ansys 提供了两种输入参数与输出参数之间相关性的考虑办法，一种为皮尔逊（Pearson）秩相关系数，另一种为斯皮尔曼（Spearman）秩相关系数。Pearson 秩相关系数适用于呈正态分布的连续变量，当数据集的数量超过 500 时，即可按照中心极限定理，近似认为数据呈正态分布。而 Spearman 秩相关系数是一种非参数统计量，用于描述两组相关变量的大小关系，其关注重点仅在于变量值之间的大小顺序，而与具体值无关。Spearman 秩相关系数通过计算两列成对等级的各对等级数之差来确定，所以又称为"等级差数法"。此系数主要用于存在等级变量，或无法用平均值和标准差描述分布特征的情况下，衡量两个变量间关联的程度与方向。一般情况下，计算结果会以 Spearman 秩相关系数的形式输出。

Spearman 秩相关系数作为一个用于度量两个变量之间的统计相关性的非参数指标，其取值范围为[−1,1]。该系数绝对值越大，则表明两变量之间的相关性越大；该相关系数绝对值越小，则表明两变量之间相关性越小。用数学语言可表述如下：

设有样本 x_1，x_2，…，x_n，将样本单元从小到大排列为 $x(1)$，$x(2)$，…，$x(n)$，若 $x_i = x(R_i)$，则称 x_i（$i = 1,2,\cdots,n$）在 x_1，x_2，…，x_n 中的秩为 R_i（$R_i = 1,2,\cdots,n$）。由此可见，x_i 的秩 R_i 就是 x_i 在整个样本序列中按照从小到大顺序排列的位次号。

再设有数据对：$(x_1,y_1)^T$，$(x_2,y_2)^T$，…，$(x_n,y_n)^T$，对应的 Spearman 秩相关系数的计算过程为：记 x_i 在 $x_1,x_2,\cdots,x_n$ 中的秩为 R_i，对应的 y_i 在 $y_1,y_2,\cdots,y_n$ 中的秩为 Q_i（$i = 1,2,\cdots,n$），可以用 R_i，Q_i 分别代替 x_i 和 y_i 构造一个对应的新数据对：$(R_1,Q_1)^T$，$(R_2,Q_2)^T$，…，$(R_n,Q_n)^T$，那么原数据对的 Spearman 秩相关系数 r_s 为：

$$r_s = \frac{\sum_{i=1}^{n}(R_i - R_T)(Q_i - Q_T)}{\sqrt{\sum_{i=1}^{n}(R_i - R_T)^2}\sqrt{\sum_{i=1}^{n}(Q_i - Q_T)^2}}, -1 \leqslant r_s \leqslant 1 \tag{5-1}$$

$$R_T = \sum_{i=1}^{n}\frac{R_i}{n} = \frac{n+1}{2} \tag{5-2}$$

$$Q_T = \sum_{i=1}^{n}\frac{Q_i}{n} = \frac{n+1}{2} \tag{5-3}$$

5.2.3　结构可靠性基本原理及方法

构件达到预期使用目标的概率被称为可靠度。可靠度作为对工程系统或其组成部分可靠程度的一种统一描述，能够精准衡量结构在规定条件和规定时间内完成预定功能的可能性。以概率论为基础的结构可靠性理论，不仅承认并揭示了结构属性中固有的不确定性，还将影响结构可靠性的各种因素视作随机变量，还原了这些因素固有的自然特性。通过对大量数据的收集与分析，能够精确把握这种客观变异性。

建筑体系的安全性、可靠性以及是否丧失使用效果，通常由极限状态进行区分。当建筑结构的某个部分无法满足设计所规定的功能要求时，即认为该结构达到了极限状态。结构体系是否处于最初计划的功能工作状态，可借助相关功能函数表示。假定存在$X = (X_1, X_2, \cdots, X_n)^{\mathrm{T}}$这$n$个基本随机变量，它们对结构预定功能产生影响，其中$X$代表结构各方面的影响参数，其功能函数为：

$$Z = g(X) = g(X_1, X_2, \cdots, X_n) \tag{5-4}$$

其中，$Z = 0$ 为极限状态，$Z > 0$ 为可靠状态，$Z < 0$ 为失效状态。

用R表示结构抗力，S表示荷载的效应值（亦可称之为作用效应）。在此情形下，S与R均属非确定性的随机变量。若在结构预定能效范畴内，仅将结构内部抗力R和外部荷载效应S作为随机变量，则可以把结构的功能函数表示为：

$$Z = R - S \tag{5-5}$$

若R和S均服从正态分布，R和S的均值为μ_{R}、μ_{S}，标准差为σ_{R}、σ_{s}，则Z也服从正态分布：

$$\mu_{\mathrm{Z}} = \mu_{\mathrm{R}} - \mu_{\mathrm{S}} \tag{5-6}$$

$$\sigma_{\mathrm{Z}} = \sqrt{\sigma_{\mathrm{R}}^2 + \sigma_{\mathrm{S}}^2} \tag{5-7}$$

$$f_{\mathrm{Z}}(Z) = \frac{1}{\sqrt{2\pi}\sigma_{\mathrm{Z}}} e^{\frac{1}{2}\left(\frac{z - \mu_{\mathrm{Z}}}{\sigma_{\mathrm{s}}}\right)^2} \tag{5-8}$$

式中：μ_{Z}——平均值；

　　　σ_{Z}——标准差；

　　　$f_{\mathrm{Z}}(Z)$——密度函数。

失效概率是指结构或体系不能满足最初建设设计功能的能力，用P_{f}表示，其公式为：

$$P_{\mathrm{f}} = P(Z < 0) = F_{\mathrm{Z}}(0) = \int_{-\infty}^{0} f_{\mathrm{Z}}(Z)\,\mathrm{d}Z = \int_{-\infty}^{0} \frac{1}{\sqrt{2\pi}\sigma_{\mathrm{Z}}} e^{\frac{1}{2}\left(\frac{z - \mu_{\mathrm{Z}}}{\sigma_{\mathrm{s}}}\right)^2}\,\mathrm{d}Z \tag{5-9}$$

功能函数Z的分布方式决定失效概率P_{f}。若Z满足正态分布，其概率密度曲线如图 5-3 所示，其中阴影部分面积表示失效概率P_{f}，结构可靠度指标β在数值上等于非阴影部分的面积与全部面积的比值。

功能函数平均值μ_{Z}到坐标原点的距离影响结构失效概率P_{f}，β与P_{f}之间的关系如图 5-3 所示，可知：

$$\beta = \frac{\mu_{\mathrm{Z}}}{\sigma_{\mathrm{Z}}} \tag{5-10}$$

β同样可作为度量结构可靠度数值的一个指标，简称为可靠指标，失效概率P_{f}可以用公式表示为：

$$P_{\mathrm{f}} = \phi(-\beta) = 1 - \phi(-\beta) \tag{5-11}$$

在许多实际使用情况下，精确计算往往面临极大困难。这是由于求解公式中包含许多变量以及多次积分，且一些基本变量的概率分布函数也难以确定，故而利用精确计算方法

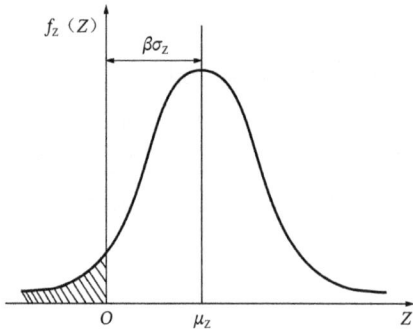

图 5-3　概率密度曲线

一般难以求得解析解，无法在实际工程实践中得以广泛应用。而近似计算法如蒙特卡罗法，则可以很好地解决这一问题。在进行近似计算时，仅需采用平均值和方差来描述所有基本随机变量参数的相关统计特征，即便部分功能函数为非线性，也均能利用泰勒公式进行线性展开，近似当作线性问题处理。如此一来，便可将复杂的非线性问题和积分运算转化为简单的数值计算，从而显著提升计算效率与可行性。

5.3　分析模型及方法

5.3.1　有限元模型

沿地铁 24 号线方向，截取黄木岗综合交通枢纽中区 V 形柱倾角较大的一段地下结构，以此建立有限元模型（图 5-4），共 6 榀 12 根 V 形柱，倾角为 10.79°～13.05°，如图 5-4 所示。梁、柱及混凝土单元均采用梁 188 单元（beam188 单元）与钢-混凝土组合截面进行简化建模。在两节点分别建立型钢与混凝土单元，使两个构件叠合形成一个整体，即双单元模型。双单元模型是较为原始的组合结构模拟方法，在不考虑收缩徐变等时变效应，仅展开静力分析时，能够保证较高的准确性。V 形柱与钢管混凝土直柱的柱底均设置为刚接，柱与梁连接也均为刚接，主要构件参数见表 5-1。根据结构设计说明，除结构本身自重外，顶层恒载取 25kPa，其余层恒载取 16kPa；所有层活载均取 16kPa。恒载包括设施荷载、覆土荷载及上部桥梁荷载；活载包括人群荷载与车道荷载。土的加权平均重度和侧向土压力系数均按

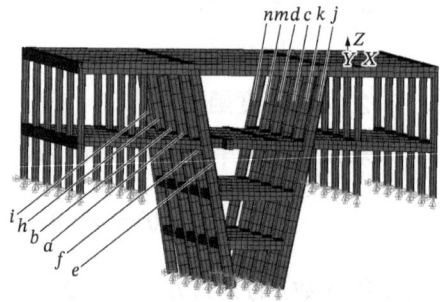

图 5-4　枢纽站中区 V 形结构柱有限元模型
e、f、a、b、h、i-V 形柱左侧第一、二、三、四、五、六列柱；j、k、c、d、m、n-V 形柱右侧第一、二、三、四、五、六列柱

地质勘察资料进行取值，分别为 20kN/m³ 和 0.4。根据深度计算得出各底板位置处的侧墙侧向土压力，并通过局部坐标系以连续线荷载的形式等效加于梁上。对结构使用阶段受力进行分析时，基于承载能力极限状态荷载组合，按照《建筑结构荷载规范》（GB 50009—2012）[56]规定，采用荷载基本组合。

$$S_D = 1.35S_G + 1.4 \times 0.7S_Q \tag{5-12}$$

式中：S_G——恒荷载；

S_Q——活荷载；

S_D——荷载组合的效应设计值。

表 5-1
构件参数表

构件	Ｖ形柱	直柱	型钢梁
截面（mm）	$D1600$	$D1200$	1500×1100
混凝土	C60	C60	C60
钢材截面（mm）	十字型 $920 \times 500 \times 50 \times 50$	钢管 1200×40	I $1000 \times 400 \times 35 \times 40$
钢材	Q355B	Q355B	Q355B

5.3.2　拼装节点随机误差数学模型

在 Ｖ 形柱的施工过程中，拼装节点误差会不可避免地出现。由于受多种因素的影响，各节点误差的大小、方向也会随机分布。根据中心极限定理，可认为节点误差大小近似服从正态分布。节点误差方向可分解为X、Y两个方向，故而分别定义各个 Ｖ 形柱拼装节点X、Y方向的坐标偏移量为互相独立的随机输入变量。由 Ansys 模型可知，每根 Ｖ 形柱的 8 个拼装节点对应 16 个随机输入变量，12 根 Ｖ 形柱共需设 192 个随机输入变量，为便于后文描述，对随机输入变量进行编号。每根 Ｖ 形柱用一个单独字母表示如图 5-4 所示，每根 Ｖ 形柱特定某一节点某方向的编号见表 5-2。例如，a 号 Ｖ 形柱地下一层下节点X方向误差编号设为 a13。

表 5-2
随机输入变量编号表

位置	X方向	Y方向
地下四层下节点	1	2
地下四层上节点	3	4
地下三层下节点	5	6
地下三层上节点	7	8
地下二层下节点	9	10
地下二层上节点	11	12
地下一层下节点	13	14
地下一层上节点	15	16

根据概率统计理论"西格玛"法则：对于服从正态分布$N \sim (u, \sigma^2)$的随机误差变量X_1，X_1取值处于区间$[u - 3\sigma, u + 3\sigma]$的概率约为 99.74%。在此，$u$为变量$X_1$的平均值，$\sigma$为变量$X_1$的方差。$X_1$的正态分布数学模型的均方差$\sigma$为：

$$\sigma = \frac{|X_1|}{3} \tag{5-13}$$

对于节点偏差而言，其均值$u = 0$。综合考虑相关规范限值以及工程实际情况，本节暂取单方向的最大偏差为 6mm，即$X_1 = 6$。由于需将X_1控制在区间$[u - 3\sigma, u + 3\sigma]$内，通过计算可得$\sigma = 2$。基于上述分析，设置随机输入变量均服从正态分布$N \sim (0, 2^2)$。

鉴于结构左右两侧具有对称性，在此仅针对结构左侧及中间部分，对每层横、纵梁以及 V 形柱的型钢单元进行说明。由于竖向荷载、水平土压力以及 V 形柱倾斜角度的影响，梁柱同时承受较大的剪力、弯矩与轴力。基于此，选取各构件的最大等效应力作为输出变量，共计 78 个。随后，将这些变量按位置分组并进行编号，编号如图 5-5 所示。

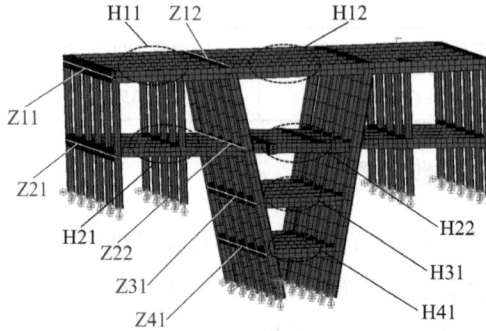

图 5-5　构件编号图

Z11-V 形柱第一层左侧第一列横梁与立柱连接构件；Z12-V 形柱第一层左侧第二列横梁与 V 形柱连接构件；H11-V 形柱第一层左侧第一列立柱与 V 形柱连接构件；H21-V 形柱第二层左侧第一列立柱与 V 形柱连接构件；其他符号同理

5.3.3　敏感性分析法

敏感性分析法是一种不确定性分析方法，它能从众多不确定性因素中识别出对结果存在重要影响的敏感性因素。通过分析与测算这些因素对项目的影响程度及敏感性程度，以此判断项目承受风险的能力。该方法有助于确定哪些风险对项目具有最大的潜在影响。它把所有其他不确定因素保持在基准值状态，考察项目中每项要素的不确定性对目标产生造成的影响程度。

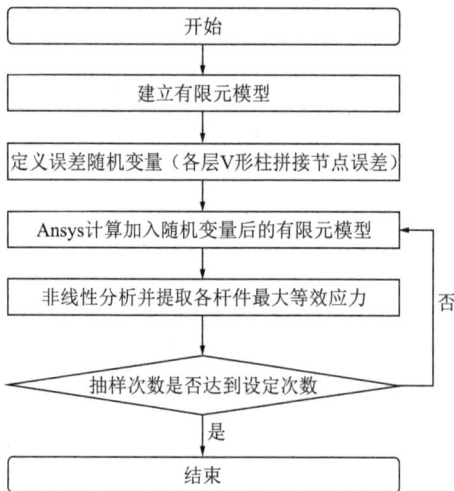

图 5-6　计算流程图

基于建立的节点误差模型，运用 ANSYS 有限元分析软件的概率设计系统（PDS），依据变量的数学分布进行抽样，并利用抽样值对有限元模型进行次数充足的模拟循环计算，从而得到各响应量的数学特征及其对各参数的敏感程度，计算流程如图 5-6 所示。

模型选用蒙特卡罗随机抽样法[67-68]，其计算公式见式(5-14)，设置拉丁超立方抽样，抽样次数为 5000 次[69]。

$$S = \frac{1}{N} \cdot \sum_{i}^{n} f(x_i) \tag{5-14}$$

式中：S——近似值；

　　N——观测值样本数量；

　　$f(x_i)$——样本点x_i处的函数值。

　　提取任意输入变量的绝对频率直方图（每个类别的实际命中数）和任意输出变量均值与方差的样本历史如图 5-7 所示。从图 5-7 中可以看出，输入参数符合正态分布且直方图比较光滑没有大的间隙，各输出变量在循环刚开始时波动较大，随着迭代次数的增加，均值历史和方差历史均收敛，说明抽样次数满足抽样需求。

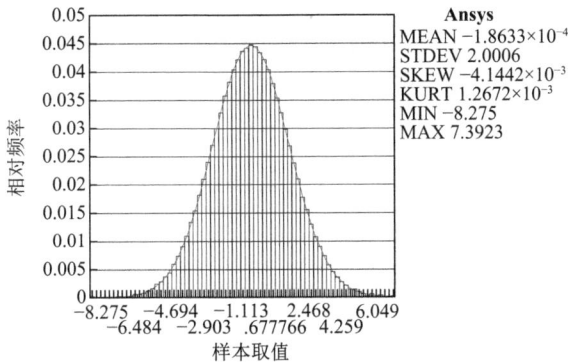

a) 输入变量的绝对频率直方图

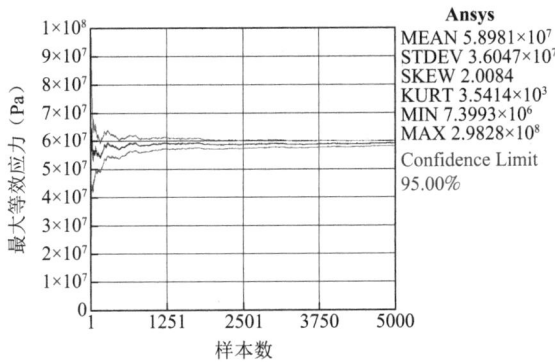

b) 输出变量均值样本历史图

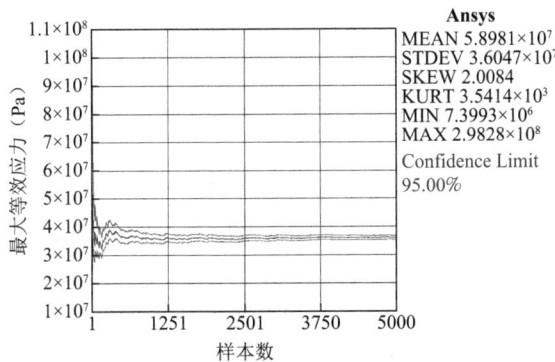

c) 输出变量方差样本历史图

图 5-7　随机抽样样本历史

5.3.4　误差极限计算方法

基于可靠度理论,结构施工完成后,在荷载作用下需满足承载能力极限状态和正常使用极限状态。本文研究对象黄木岗综合交通枢纽结构安全等级为二级,根据《建筑结构可靠性设计统一标准》(GB 50068—2018)[70],结构构件承载能力极限状态的可靠指标β取3.2,即构件可靠度大于 0.99936,本文误差限值确定步骤为:

(1)根据设置的误差模型,得出各构件最大等效应力不超过承载力设计值相对应的可靠度。

(2)如果此时所有构件相对应的可靠度均大于 0.99936,则以 1mm 为步长放大节点偏差值,并求得放大后对应的可靠度指标;如果此时存在部分杆件相对应的可靠度小于0.99936,则说明该部分构件失效概率过大,需以 1mm 为步长减小节点偏差值,再求解减小误差值后相对应的可靠度。

(3)重复步骤(1)~(2),直至找到某误差值作用下所有构件的可靠度均不小于0.99936 的临界值。

5.4　敏感性分析

在进行敏感性分析时,变量相关性的设置很关键,主要有皮尔逊(Pearson)和斯皮尔曼(Spearman)这两种考虑方法,其中 Spearman 适用于变量间存在单调关系的情况。本文计算结果采用 Spearman 秩相关系数输出,Spearman 秩相关系数r_s的计算公式为:

$$r_s = 1 - \frac{6\sum D^2}{n(n^2 - 1)} \tag{5-15}$$

式中:n——样本数量;

D——样本中对应的秩次差。

r_s取值范围为[−1,1]。Spearman 秩相关系数的绝对值越大,意味着两变量之间的相关性越大。在研究过程中,会分别考察结构各构件受 V 形柱拼接节点误差的影响程度,分析比较各层各方向的误差敏感性。

5.4.1　V 形柱敏感性分析

f、a轴 V 形柱的各响应参数灵敏度统计如图 5-8 所示,由图 5-8 数据可知:对于 V 形柱而言,在所有的 192 个影响因素中,大部分灵敏度较低,呈现出非敏感性的特征;仅少数的敏感性因素的灵敏度在 0.04~0.1 之间。从这些敏感性因素的分布可看出,V 形柱主要对自身所在轴及其相邻的 V 形柱偏移节点较为敏感,每层均出现了敏感性节点,但高敏感性节点大多位于地下一层。其中,敏感程度最为显著的是位于地下一层上、下两拼接节点的Y方向节点偏移。

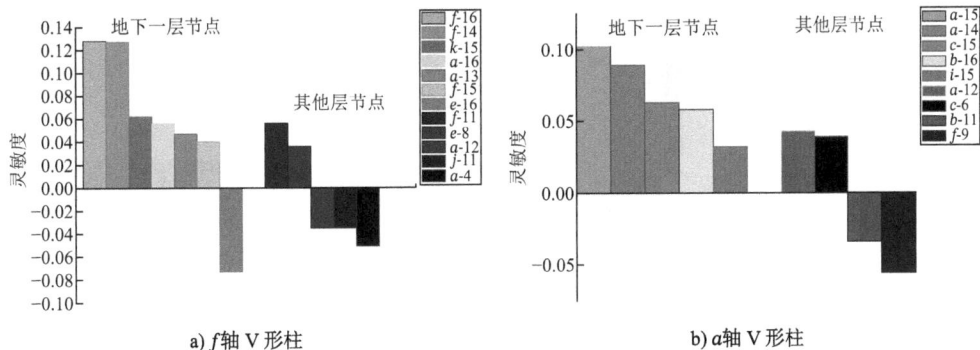

a) f 轴 V 形柱　　　　　　b) a 轴 V 形柱

图 5-8　f、a 轴 V 形柱各响应参数灵敏度统计图

注：节点编号采用 "轴线号-节点号" 形式，如 f-16 表示 f 轴上第 16 号节点。

由此可见，在施工过程中如果严格控制地下一层 V 形结构柱段的 Y 方向节点误差，可有效减小节点误差对 V 形柱的影响。

5.4.2　地下一层梁敏感性分析

地下一层横、纵梁的各响应参数灵敏度统计如图 5-9 所示，本节以与 a 轴 V 形柱相连的横、纵梁为例进行说明。由图 5-9 数据可知：相对于 V 形柱而言，梁段的敏感性因素更多，且部分显著性因素的灵敏度会达到 0.2 左右。从这些敏感性因素的分布可看出，每段横梁均主要受所在横向 V 形柱及相邻两排 V 形柱的节点误差影响，且影响程度最深的均是位于地下一层柱拼接节点处的 X 方向偏差；对于纵梁而言，各梁段距离最近的 V 形柱节点误差仍是最主要的影响因素，但对第一列梁段影响最大的因素却可能是相对较远的 V 形柱节点的误差。这可能是因为该列纵梁离 V 形柱距离较远且没有直接与 V 形柱相连，受到各个 V 形柱偏差节点的影响较复杂。第一列纵梁对地下一层 X 方向的误差更为敏感，而第二列纵梁对地下一层 Y 方向的误差更为敏感。从位置关系上分析，离 V 形柱距离更近的第二列横、纵梁敏感性参数相对较少，但影响程度最深的一两个参数，其灵敏度绝对值更大，对梁的影响也更为显著。

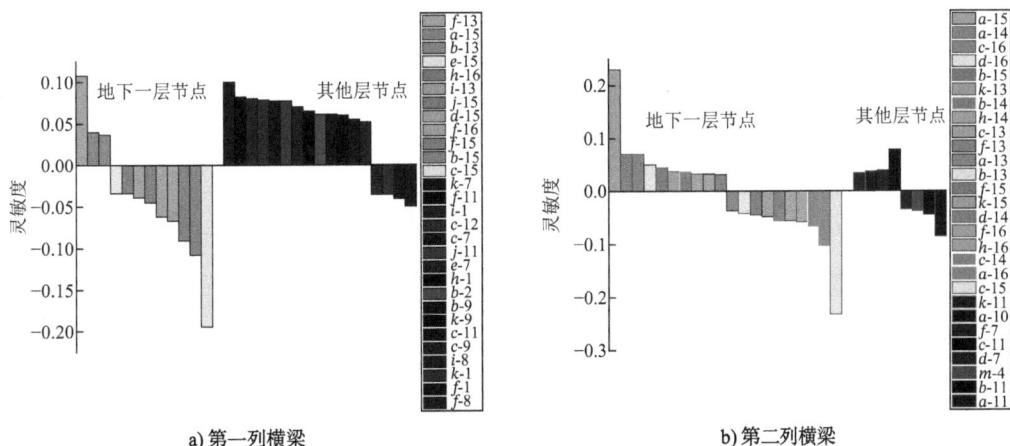

a) 第一列横梁　　　　　　b) 第二列横梁

图　5-9

71

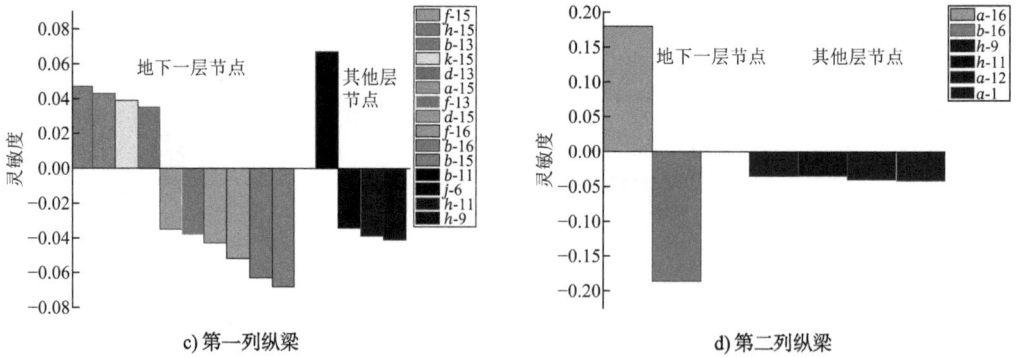

c) 第一列纵梁

d) 第二列纵梁

图 5-9　地下一层横、纵梁的各响应参数灵敏度统计图

由此可见，若想减少节点误差对地下一层梁的影响，同样应当严格控制地下一层的节点偏差。

5.4.3　地下二层梁敏感性分析

地下二层各横梁和纵梁的响应参数灵敏度统计如图 5-10 所示，本节同样以与 a 轴 V 形柱相连的横、纵梁为例进行说明。由图 5-10 数据可知：与地下一层梁类似，地下二层梁敏感性因素更多，且部分显著性因素的灵敏度绝对值将达到 0.3 左右。从敏感性因素分布来看，第一列横梁对地下二层上拼接节点 X 方向的误差最为敏感，而第二列横梁则对地下一层下拼接节点 X 方向的误差及地下二层上拼接节点 X、Y 方向的误差均表现出较高程度的敏感性，其余规律与顶层横梁类似，此处不作过多赘述。对地下一层纵梁的灵敏度展开分析后，发现第一列纵梁对地下一层下拼接节点 X 方向的误差及地下二层上拼接节点 X 方向的误差最为敏感；第二列纵梁对地下一层下拼接节点 Y 方向的误差及地下二层上拼接节点 Y 方向的误差均表现出较高程度的敏感性。

由此可见，若想减少节点误差对地下二层梁的影响，应当严格控制地下一层下拼接节点和地下二层上拼接节点的误差。

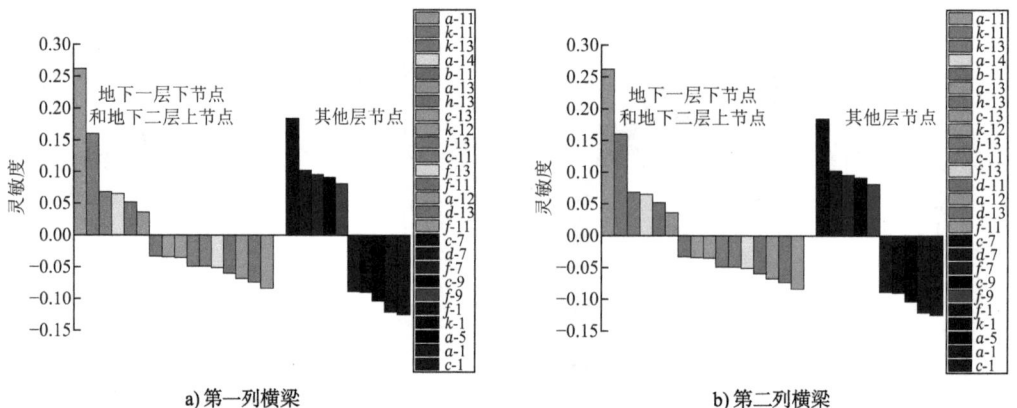

a) 第一列横梁

b) 第二列横梁

图　5-10

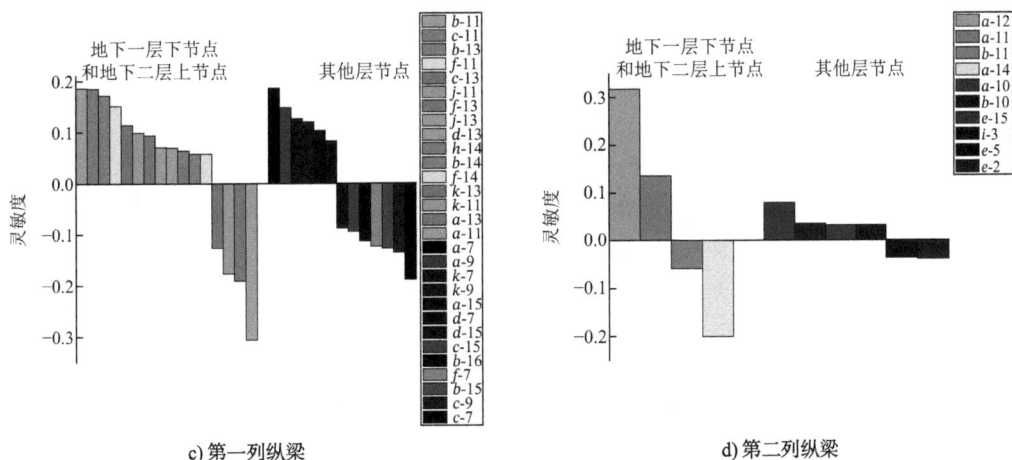

c) 第一列纵梁

d) 第二列纵梁

图 5-10　地下二层横、纵梁的响应参数灵敏度统计图

5.4.4　地下三、四层梁敏感性分析

地下三、四层各横、纵梁的响应参数灵敏度统计如图 5-11 所示，本节同样以与 *a* 轴 V 形柱相连的横、纵梁为例进行说明。由图 5-11 数据可看出：相比地下一、二层梁，地下三、四层梁的敏感性因素较少，不过存在多个灵敏度较高的敏感性因素。从敏感性因素分布来看，地下三、四层横梁段主要受所在横向 V 形柱偏移节点影响，所在横向 V 形柱均会出现多个敏感性程度较高的偏移节点，而其他节点影响程度较小。位于地下二层 V 形柱下拼接节点 *X* 方向的偏移对地下三层横梁的影响程度最大，位于地下三层 V 形柱下拼接节点 *X* 方向的偏移对地下四层横梁的影响程度最大；与横梁类似，每段纵梁主要受与其直接相连的 V 形柱偏移节点影响，其他节点影响程度较小。位于地下三层 V 形柱上拼接节点 *Y* 方向的偏移对地下三层纵梁的影响程度最大；位于地下三层 V 形柱下拼接节点 *Y* 方向的偏移对地下四层纵梁的影响程度最大。

由此可见，若想减少节点误差对地下三、四层梁的影响，应严格控制地下二、三层的节点误差。

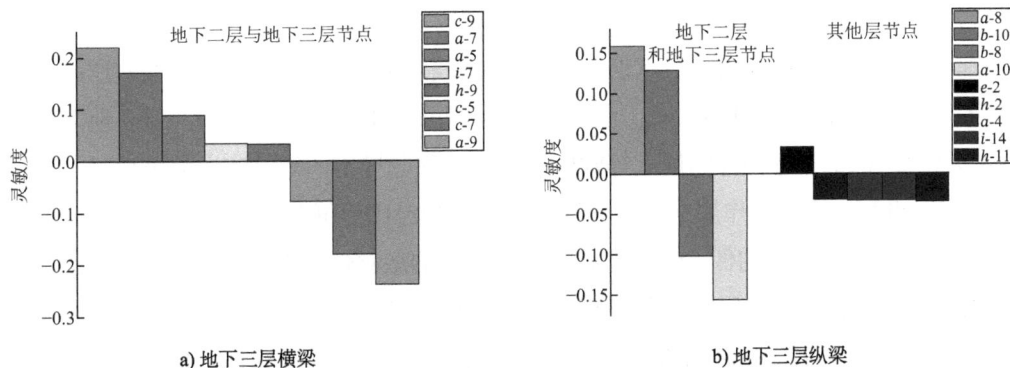

a) 地下三层横梁

b) 地下三层纵梁

图　5-11

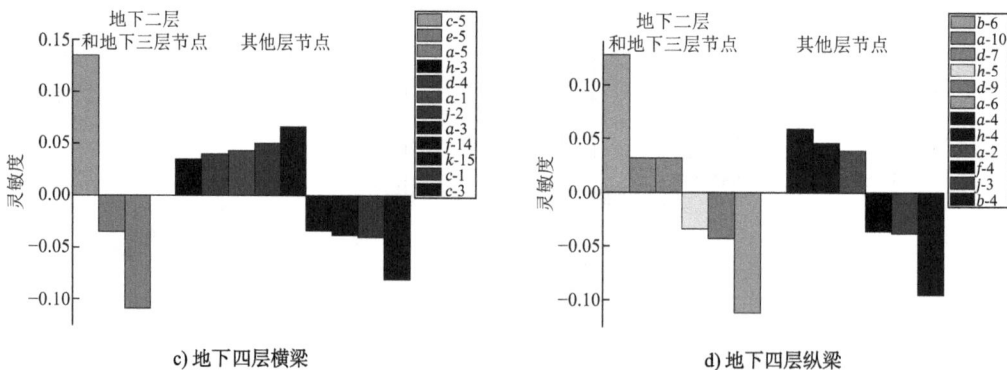

c) 地下四层横梁　　　　　　　　　　　d) 地下四层纵梁

图 5-11　地下三、四层各横、纵梁的响应参数灵敏度统计图

综上所述，尽管影响结构各构件力学性能的因素较多、较复杂，但仍能发现以下规律：

（1）构件受较多敏感性因素共同影响，且距离越近的偏移节点影响程度越大，这些敏感性误差的灵敏度绝对值大多处于 0.04 至 0.2 之间。

（2）框架梁距离 V 形柱的距离越近，其受影响程度越大。一般情况下，距离最近的 V 形柱上还会出现一个或多个敏感程度较高的偏移节点。

（3）横梁受节点 X 方向的影响更大，纵梁受节点 Y 方向的影响更大。

（4）V 形柱主要对自身所在轴及其相邻的 V 形柱偏移节点较为敏感。尽管每层均存在敏感性节点，但高敏感性节点大多位于地下一层，且敏感程度最为显著的均是位于地下一层上、下两拼接节点的 Y 方向的节点偏移。

（5）位于地下一、二、三层的偏移节点对结构构件最大应力的影响程度相对较大，而地下四层的影响最小。

5.5　误差极限分析

5.5.1　误差限值计算结果

基于前文暂定的所有最大节点误差均为 6mm，各构件的可靠度以及在偏差作用下出现的最大等效应力计算结果见表 5-3。从表 5-3 数据可知，地下三层横（纵）梁、地下四层横（纵）梁以及 V 形柱等构件的最大等效应力较大，部分样本的等效应力甚至超过了构件强度设计值。将其与无偏差作用下的最大等效应力进行对比后可看到，虽然敏感性分析表明，相较于离 V 形柱较近的构件，离 V 形柱较远的构件的敏感性节点数量更多，但由于受到部分具有显著敏感性的节点影响，离 V 形柱较近的构件其最大等效应力出现了大幅增长。特别是 H12、Z12、H22、Z22、H31、Z31、H41、Z41 这些与 V 形柱直接相连的构件，最大增幅在 3.0～19.5 倍之间，其余构件大部分增幅在 1.9～2.7 倍之间，而 V 形柱的最大增幅达到了 5.1 倍。与可靠度限值对比后发现，H31、H41、Z41 等构件可靠度均小于 0.99936，失效概率过大，需重新取值计算。

6mm 误差下各构件可靠度与最大等效应力　　　　　　　表 5-3

构件	无偏差下最大等效应力（MPa）	偏差作用下最大等效应力（MPa）	可靠度
H11	60.9	112.5	1
H12	63.6	190.4	1
Z11	18.3	38.1	1
Z12	19.2	227.4	1
H21	26.3	133.3	1
H22	67.1	280.8	1
Z21	20.1	44.6	1
Z22	28.7	357.6	0.99985
H31	32.8	367.3	0.99887
Z31	23.6	371.9	0.99947
H41	18.9	370	0.99767
Z41	20	368.4	0.99926
V 形柱	68	343.7	1

通过误差限值分析方法计算得出，当最大节点误差为 5mm 时，所有构件的可靠度均满足要求。结构各构件在最大节点误差 5mm 下的最大等效应力及构件可靠度见表 5-4。从表中可知，除 H31、H41 构件存在部分抽样的最大等效应力超过结构强度设计值外，其余多数构件在样本历史抽样中都较安全。与 V 形柱直接相连的构件，最大增幅在 2.7～18.9 倍之间，而 V 形柱的最大增幅达到了 4.5 倍。

5mm 误差下各构件可靠度与最大等效应力　　　　　　　表 5-4

构件	无偏差下最大等效应力（MPa）	偏差作用下最大等效应力（MPa）	可靠度
H11	60.9	92.7	1
H12	63.6	173.2	1
Z11	18.3	35	1
Z12	19.2	189	1
H21	26.3	111.1	1
H22	67.1	230.3	1
Z21	20.1	40.1	1
Z22	28.7	259.5	1
H31	32.8	355.8	0.99986
Z31	23.6	324.7	1
H41	18.9	358.1	0.99947
Z41	20	350.7	1
V 形柱	68	306.9	1

对比表 5-3 与表 5-4 的计算结果可知，随着最大节点误差减小，所有构件的最大等效应力均有不同程度的减少，减少程度较小的是地下三层与地下四层的横、纵梁。结合两次计算结果可以看出，地下三层与地下四层横、纵梁受节点误差影响最大，等效应力增幅最大，最先可能失效。结合敏感性分析结果可知，地下三层与地下四层横、纵梁主要受地下二层与地下三层的节点误差影响，故而施工时应更严格地控制地下二层与地下三层的节点误差。

基于此，将地下二层与地下三层的最大节点误差单独控制，取 3mm、4mm、5mm，而对其他层的节点误差适当放大计算。基于误差限值分析的方法，求得在控制地下二层与地下三层的节点误差的情况下，另外两层所能取得的最大节点误差限值，计算结果见表 5-5。

各层最大节点误差限值表　　　　　　　　　　　表 5-5

项目	地下一层	地下二层	地下三层	地下四层	结果
前述计算结果	6	6	6	6	失效概率过大
	5	5	5	5	满足要求
控制地下二、地下三层节点误差	6	3	3	6	满足要求
	7	3	3	7	失效概率过大
	6	4	4	6	失效概率过大
	6	5	5	6	失效概率过大

由计算结果可知，当所有层均取统一限值时，最大节点误差不宜超过 5mm。仅对误差影响较大的地下二层与地下三层节点误差进行控制时，只有在地下二层与地下三层最大节点误差取较小值时，其他层的限值才能取 6mm，否则仍然不宜超过 5mm。

5.5.2　关键力学性能概率统计特征分析

为明确上述构件最大等效应力增幅过大的原因，本节选取了具有代表性的 H31、H41 梁段与 3 号轴 V 形柱，展示它们在最大节点误差 5mm 下的最大等效应力样本历史，具体情况如图 5-12 所示。

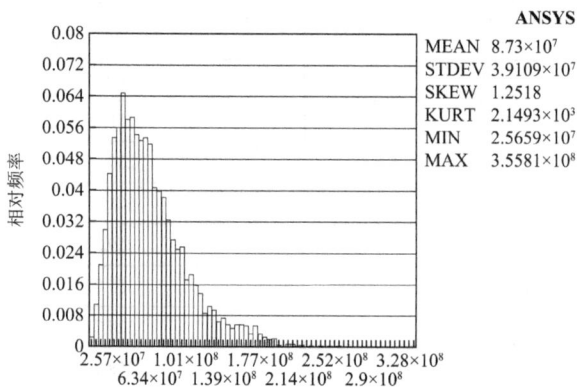

a) H31 最大等效应力样本历史图

图　5-12

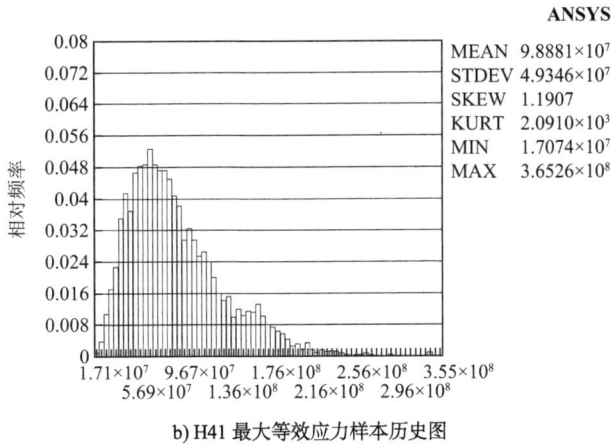

ANSYS

MEAN　9.8881×10^7
STDEV　4.9346×10^7
SKEW　1.1907
KURT　2.0910×10^3
MIN　1.7074×10^7
MAX　3.6526×10^8

b) H41 最大等效应力样本历史图

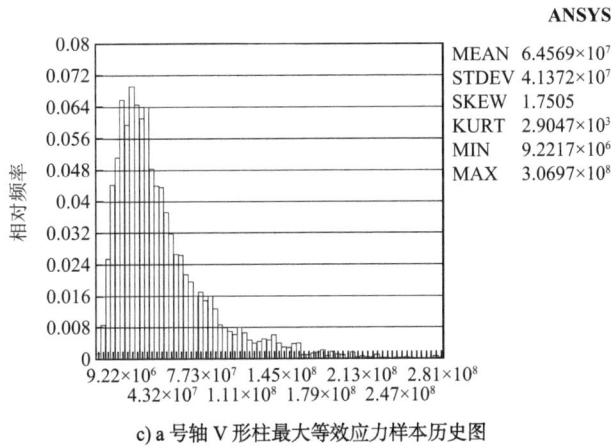

ANSYS

MEAN　6.4569×10^7
STDEV　4.1372×10^7
SKEW　1.7505
KURT　2.9047×10^3
MIN　9.2217×10^6
MAX　3.0697×10^8

c) a 号轴 V 形柱最大等效应力样本历史图

图 5-12　5mm 节点误差下各构件最大等效应力样本历史图

　　每一次抽样所得的样本，均可视为一种多节点偏差组合效应下的结果。从图 5-12 中可看出，尽管输入变量（节点误差）为正态分布，但响应量（最大等效应力）并非正态分布。在大部分样本中，构件的最大等效应力处于一个较安全的值，如 H31 梁段的最大等效应力大多集中于 30～180MPa，出现频率最高的为 60MPa 左右，与无误差下最大等效应力相比仅增加了 1 倍。然而，在某些节点误差组合的影响下，出现了极大值 355.8MPa，与无误差下最大等效应力相比增加了近 10 倍。由前述敏感性分析可知，一个构件是由多个节点共同影响的，当这些节点均在该构件正相关方向上产生一个较大的误差时，其产生的节点误差组合效应就会对相应构件产生巨大影响。而构件的敏感性节点又大多与构件相邻，故而施工时应尽量避免在某一区域集中出现多个误差较大的拼装节点。

5.6　本章小结

　　本章基于概率设计方法，明确了大型 V 形柱地下空间结构对节点误差的响应关系和最大等效应力控制时的误差限值，并得出以下结论：

（1）构件受较多敏感性因素共同影响，且距离越近的偏移节点，其影响程度越深；各构件对不同层的节点偏差和不同方向上的节点偏差敏感性均不同。

（2）通过误差限值分析得到节点的最大误差限值为 5mm，与 V 形柱直接相连的构件受偏移节点影响程度更深，最大等效应力增幅更大。在 5mm 限值下，最大增幅为 2.7～18.9 倍。

（3）多个敏感性节点误差组合效应可对相应构件产生巨大影响，施工时应尽量避免在某一区域集中出现多个误差较大的拼装节点。

第 **6** 章

地下 V 形柱空间结构体系转换

根据第 2 章结论可知，V 形柱与直柱不同，在荷载作用下受到较大轴力与弯矩共同作用，且自身竖向抗压刚度大幅降低，存在变形和开裂风险；梁跨度最大可达 25.6m，在竖向荷载和土压力的共同作用下处于拉弯或压弯状态，同样存在变形和开裂风险；相比于永久-临时结构体系，采用 V 形柱与临时支撑体系转换的方式，在施工过程中结构力系会发生多次变换，存在较高的安全风险。

因此，为保证地下空间内大型 V 形柱结构体系转换时的安全、高效施工，本章以黄木岗综合交通枢纽中区地下 V 形柱为研究对象，提出适用于地下 V 形柱结构体系的转换方案，并通过 Midas Gen 建立黄木岗综合交通枢纽整体简化模型，模拟结构体系转换过程，通过对比两种临时支撑卸载方案中结构关键构件的受力状态，并对卸载前后结构的力学行为进行分析，从而验证该体系转换方案的安全性。

6.1 地下 V 形柱结构体系转换方案

6.1.1 项目概况

黄木岗综合交通枢纽为四层岛式车站，其基坑长度 418m，宽度 40～62m，深度 14.3～38.8m，围护结构采用 1000mm（1200mm）地下连续墙，主体采用盖挖法施工。黄木岗综合交通枢纽址平面如图 6-1 所示。

图 6-1 黄木岗枢纽站址平面图

其中，V 形柱作为黄木岗综合交通枢纽主体结构的永久柱，主要承受结构板竖向荷载和大跨中空结构板水平荷载。V 形柱分布于地铁 24 号线及其两端地下空间，以及地铁 7 号线范围内。在地铁 24 号线的 5～31 轴之间，呈鱼腹形布设，共计 25 组 50 根。其中，中区包含 16 根 ϕ1800mm 的杆件。顶板位置宽（跨度）9.7～25.5m，其 V 形柱平面布置如图 2-3 所示。V 形柱较高且尺寸大，单根最大长度约 38.5m，重约 87t，且每根 V 形柱倾角各不同，因此现场采取分段施工的方式。该结构采用盖挖逆作法进行施工，在 V 形柱形成受力体系前，各层板依靠临时钢管柱提供竖向支撑。在 V 形柱施工完成后，利用临时支撑柱顶的伺服系统完成受力体系的转换，具体过程如图 6-2 所示。

图 6-2　V 形柱体系转换过程图

6.1.2　体系转换施工方案

（1）整体分批次体系转换

考虑到实际施工存在诸多复杂因素及较高难度，经综合分析，本工程对黄木岗综合交通枢纽中区进行分批次结构体系转换，每一批次完成 2 根 V 形柱与其对应的 4 根临时钢管柱之间的体系转换工作。图 6-3 为第一批体系转换的现场情况，可见临时柱柱顶由法兰盘、钢垫块及柱顶钢板构成。在每批临时钢管柱进行加卸载操作时，各柱顶均会依据极限加载值配置，安装 2~3 个 630t 液压千斤顶，如图 6-4 所示。

图 6-3　第一批体系转换现场图

图 6-4　临时柱顶

（2）分级加卸载

以第一批次体系转换为例，结构按要求进行分级同步加载，加载值依据预先设定的分级加载值及油表读数值进行精准把控。每当完成一级加载操作后，需维持当前荷载状态一段时间。在此期间，工作人员敲打钢垫块并仔细观察是否出现松动迹象。整个加载流程必须持续对轴力与应力进行严密监测与检查。若未发现任何异常状况，方可进行下一级加载，直至加载至控制极限值或发现千斤顶的顶铁松动，即达到脱离条件（顶板上升不超过3mm）后将钢垫块抽出并停止加载。在完成加载操作且检查无异常情况后，按照5级分级卸载。与加载过程类似，每完成一次卸载同样要保持荷载一段时间，在此期间全面采集监测数据，对结构进行细致检查，确认无异常情况后，方可继续进行下一级分级卸载操作。如此循环往复，直至最终顺利完成单批受力体系的转换工作。

6.1.3　工法特点

为保证邻近既有车站的结构安全，本工程基坑采用盖挖逆作法施工。具体施工方案为：首先设置临时钢管混凝土支撑，随后通过逆作法施工梁、板和Ⅴ形柱节点，接着按顺作法施工Ⅴ形柱主段，最后完成Ⅴ形柱-临时柱体系转换。基于上述施工方案的概述，可以看出该方案具有以下的特点：

（1）分批转换和分级加卸载的体系转换方法能提前对结构进行受力转换模拟分析，确定分级加卸载的要求和合理的卸载顺序，并通过计算机控制柱顶伺服系统实现加卸载过程，从而确保了全周期结构安全、可靠。

（2）该方案能高效、安全地拆除临时钢管柱和混凝土支撑梁，制定了合理的平台搭设方案和结构拆除顺序，以及对临时空洞的封闭方案。考虑到临时钢管柱、混凝土支撑梁的拆除多处于临边、高处环境，施工团队在整个拆除过程中，精心选用合适的构件吊装与运输设备，最大限度地降低了施工风险，有力保障了施工的安全、高效推进。

（3）该方案能够对结构体系转换全过程进行信息化监测。通过对结构体系转换过程的实时监测，施工团队掌握了工程各主体部分的关键性安全指标，从而确保结构体系转换工作得以高效、安全地进行。

6.1.4　适用范围

本章所提出的结构体系转换方案，适配于地下Ⅴ形柱空间结构体系的施工过程。

本节以黄木岗综合交通枢纽工程为例进行说明，为有效节省工期，整个地下结构采用逆作法施工。在Ⅴ形柱的分段施工过程中，由于Ⅴ形柱前期尚无法承担竖向荷载，因而必须采用临时柱进行承担。只有待Ⅴ形柱全部施工完成后，方可将荷载从临时钢管柱转换至Ⅴ形柱承载。在此关键的施工转换过程中，运用本章所提出的结构体系转换方案，能够全方位确保整个施工转换过程安全、平稳地推进。

6.1.5　工艺原理及工艺流程

本工程具有结构跨度较大、Ⅴ形柱尺寸较大且地下空间有限的特点。鉴于此，在采用逆作法对Ⅴ形柱进行分段施工时，需先设立临时钢管柱，以便承担上部的竖向荷载。直至

V 形柱施工完毕，再进行结构体系转换工作，实现上部竖向荷载由 V 形柱承担的目标。完成体系转换后对临时钢管柱以及临时支撑梁进行拆除。地下 V 形结构柱逆作法施工体系转换流程如图 6-5 所示。

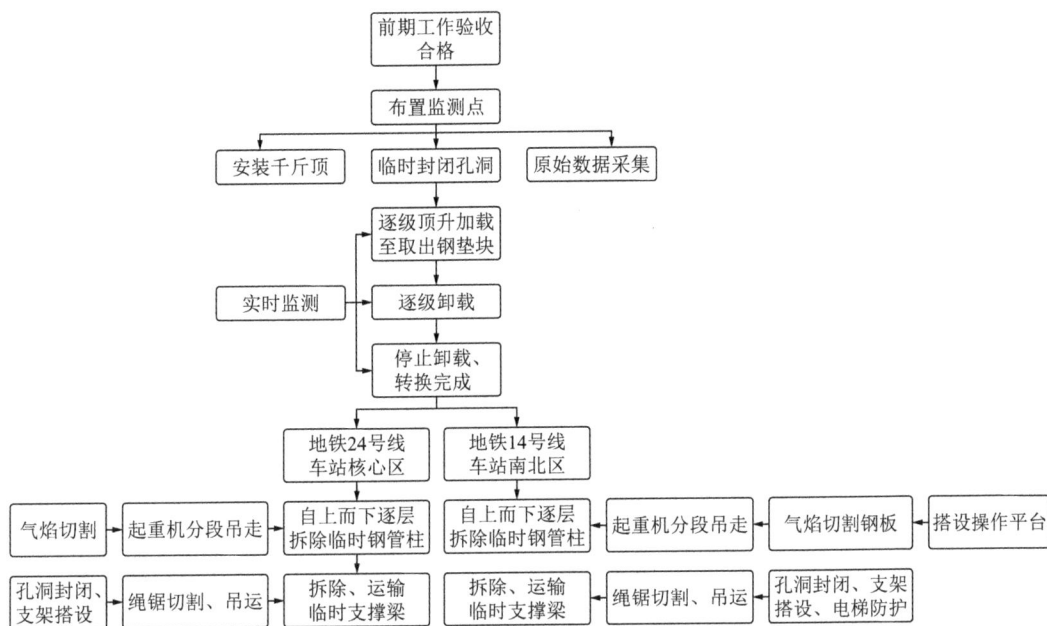

图 6-5　地下 V 形结构柱逆作法施工体系转换流程图

6.1.6　方案要点

6.1.6.1　拆除核心区临时钢管柱、混凝土支撑梁

黄木岗综合交通枢纽中区 V 形柱施工完成并达到强度要求后，随即逐段按设计要求进行分级加卸载作业，以此实现永久-临时结构受力体系的转换。完成体系转换后，施工团队采用自上而下分层的作业方式，利用气焰割除临时钢管柱，借助绳锯切割临时支撑，并通过分段吊装的手段拆除梁体。在整个施工过程中，全程采用信息化监测技术，实时为施工提供精准指导，确保施工安全、高效推进。

1）永久-临时结构受力体系转换

当 V 形柱外包钢筋混凝土自下而上施工完成并达到设计强度后，按顺序分批进行受力体系转换（图 6-6）。在每批临时钢管柱进行加卸载操作时，各柱顶均会安装 2～3 个（按极限加载值配置）630t 液压千斤顶，如图 6-7 所示。加载过程需严格分级加载并要求同步顶升，具体分级见表 6-1。整个加卸载过程以加载控制为首要原则，同时密切关注顶板位移情况，确保其位移不得超过 3mm。一旦钢垫块能够顺利抽出，便立即停止加载，坚决避免因过分加载而致使顶板结构遭受破坏。完成加载环节后，再进行分级卸载操作，由此逐步完成受力体系的转换。

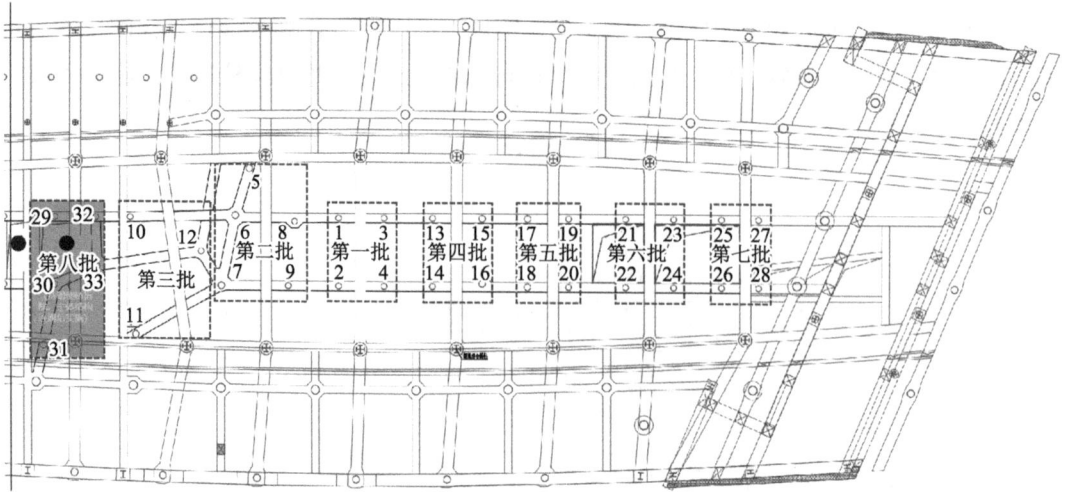

图 6-6　永久-临时结构受力体系分批转换平面图

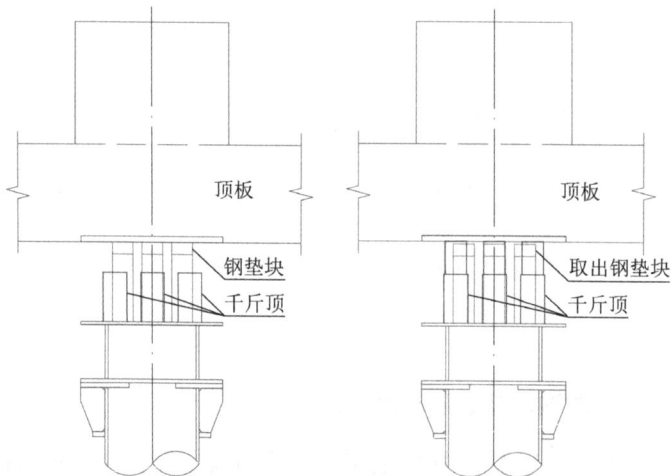

图 6-7　液压千斤顶加载示意图

考虑到要在核心区中庭孔洞内进行作业，受力体系转换前需将地下一层对应位置的中庭孔洞进行临时封闭。具体的铺设方式如下：选用材料为工18工字钢，按照 50cm 的布设间距进行铺设；在工字钢之上，铺设 10cm × 10cm 的方木，方木间距控制为 30cm；最后满铺 18mm 厚的旧模板。通过这样的铺设方式，全方位确保人员施工安全。

2）核心区临时钢管柱拆除

当受力体系转换顺利完成，柱顶钢垫块被抽出后，随即自上而下逐层逐段对临时钢管混凝土柱进行拆除。在拆除地下一层及地下二层的临时钢管柱与支撑梁时，起重机于地下一层行走、站位；而拆除地下三层及地下四层的临时钢管柱与支撑梁时，起重机则在地下三层行走、站位。具体线路及空间关系如图 6-8～图 6-10 所示。

表 6-1

临时钢管柱分级加卸载统计表

立柱编号	批次	0级（自重）	1级（自重＋0.5覆土）	2级（恒载）	3级（恒载＋0.2活载）	4级（恒载＋0.4活载）	5级（恒载＋0.6活载）	6级（恒载＋0.8活载）	7级（恒载＋活载）	备注
					伺服系统分级加卸载值（kN）					
1	第一批	−5295	−6132.0	−6969.0	−7136.4	−7303.8	−7471.2	−7638.6	−7806	
2		−5462	−6329.5	−7197.0	−7370.6	−7544.2	−7717.8	−7891.4	−8065	
3		−5376	−6214.5	−7053.0	−7220.6	−7388.2	−7555.8	−7723.4	−7891	
4		−5217	−6091.5	−6966.0	−7140.8	−7315.6	−7490.4	−7665.2	−7840	
5	第二批	−5747	−6367.5	−6988.0	−7112.2	−7236.4	−7360.6	−7484.8	−7609	
6		−3385	−4150.0	−4915.0	−5068.0	−5221.0	−5374.0	−5527.0	−5680	顶升时加载控制为主，同时顶板位移不超过3mm，钢垫块抽出即停止加载
7		−4965	−5783.0	−6601.0	−6764.4	−6927.8	−7091.2	−7254.6	−7418	
8		−6838	−7995.0	−9152.0	−9383.8	−9615.6	−9847.4	−10079.2	−10311	
9		−7661	−8916.0	−10171.0	−10422.4	−10673.8	−10925.2	−11176.6	−11428	
10	第三批	−2908	−3808.0	−4708.0	−4888.0	−5068.0	−5248.0	−5428.0	−5608	
11		−5368	−6089.0	−6810.0	−6954.2	−7098.4	−7242.6	−7386.8	−7531	
12		−9712	−11337.0	−12962.0	−13286.8	−13611.6	−13936.4	−14261.2	−14586	
13	第四批	−7338	−8534.5	−9731.0	−9970.4	−10209.8	−10449.2	−10688.6	−10928	
14		−6359	−7655.0	−8951.0	−9210.4	−9469.8	−9729.2	−9988.6	−10248	
15		−3505	−4287.5	−5070.0	−5226.4	−5382.8	−5539.2	−5695.6	−5852	
16		−4734	−5582.5	−6431.0	−6600.8	−6770.6	−6940.4	−7110.2	−7280	
17	第五批	−5894	−7106.5	−8319.0	−8561.6	−8804.2	−9046.8	−9289.4	−9532	
18		−6732	−7995.5	−9259.0	−9511.6	−9764.2	−10016.8	−10269.4	−10522	
19		−4920	−5674.0	−6428.0	−6578.8	−6729.6	−6880.4	−7031.2	−7182	
20		−5579	−6366.0	−7153.0	−7310.2	−7467.4	−7624.6	−7781.8	−7939	

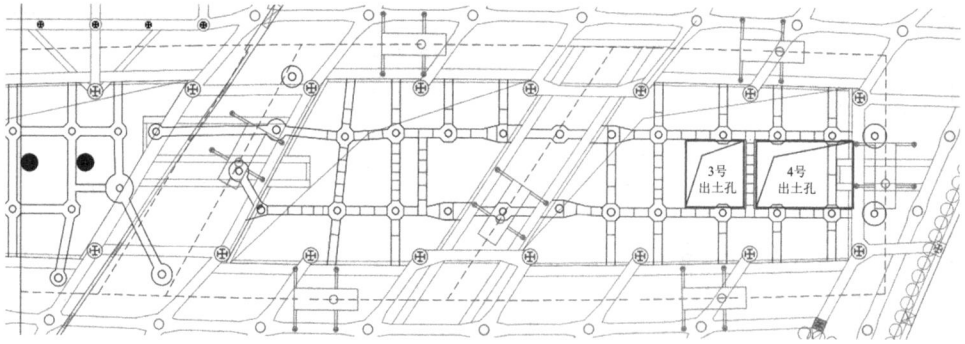

图 6-8　地下一层起重机行走、站位线路图

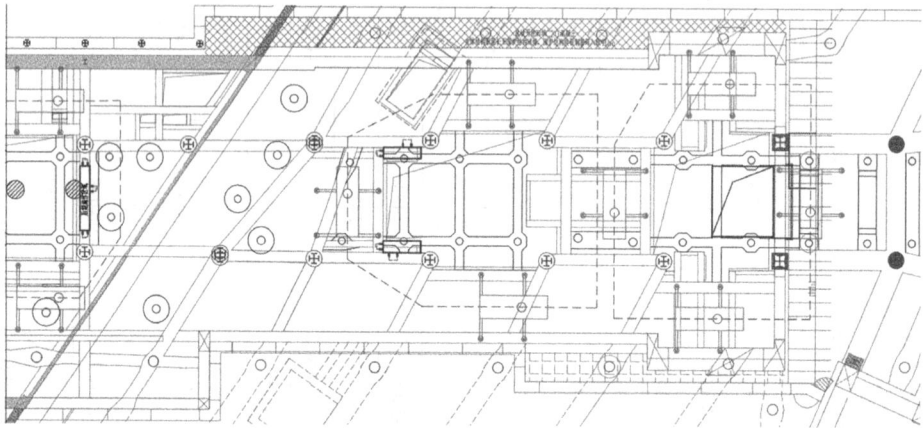

图 6-9　地下三层起重机行走、站位线路图

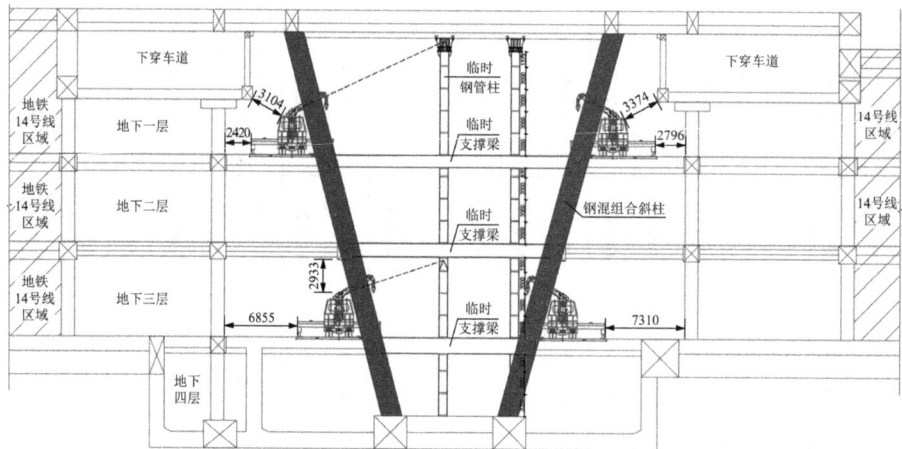

图 6-10　吊装阶段与周边结构空间关系剖面图（尺寸单位：mm）

地下一层起重机的行走、站位区域，其结构板厚 800mm。最小配筋面层采用
RB400φ28mm@150mm 钢筋双向布置；底层筋则采用 RB400φ25mm@150mm 钢筋双向布
置；地下三层起重机的行走、站位区域，其结构板厚 600mm。最小配筋第一层面筋采用
RB400φ32mm@150mm 双向布置；第二层面筋则采用 RB400φ32mm@150mm 钢筋双向布
置。第一层底筋采用 RB400φ32mm@150mm 的钢筋双向布置；第二层底筋为 RB400 型号，

主筋直径 32mm、分布钢筋直径 28mm，按照 150mm 的间距双向布置。

如图 6-11 所示，最上节千斤顶底座与下部钢管柱为螺栓连接。在进行拆除作业时，首先在顶板底预埋钢板的下方，对称地焊接 2 个钢吊耳。完成钢吊耳的焊接后，将连接千斤顶底座与下部钢管柱的螺栓拧去。随后，采用 5t 电动葫芦，通过双绳垂直吊放的方式对相关部件进行拆除操作。在拆除过程中，可借助附近的预埋吊钩，利用电动葫芦（图 6-12）进行水平抽拉辅助作业，其具体参数见表 6-2。在拆除作业中，选用 2 根 6 × 37-21.5-170-I 型号的钢丝绳作为吊索索具，以及 2 个 4.75t 的卸扣。

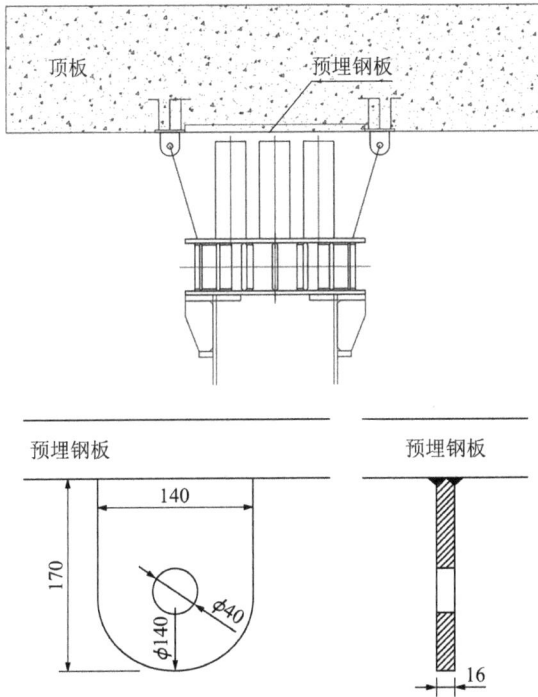

图 6-11　千斤顶底座拆除及钢吊耳大样图（尺寸单位：mm）

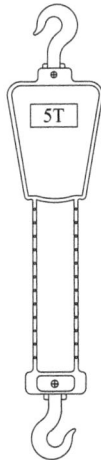

图 6-12　电动葫芦示意图

电动葫芦性能参数表 表 6-2

型号	5T	盘式电机型号	YHPE750-4
额定起重量（kg）	5000	电机功率（W）	750
起重速度（m/min）	0.9	电机转速（转/min）	1380
起重高度（m）	12	电源电压（V）	380
整机质量（kg）	70		

在完成千斤顶底座拆除工作后，便着手自上而下分段拆除临时钢管混凝土柱，如图 6-13 所示。分段高度的确定需考虑起重机站位、吊臂伸长距离及允许吊装质量等因素（其中，最远吊装距离为 10.7m，分 5 段进行吊拆；近距离吊运时，拆分为 3 段，最大拆除段质量为 7.5t），如图 6-14 所示。拆除作业伊始，需在柱顶沿直径方向对称凿除管壁边缘 10cm × 10cm 大小的混凝土，将气割断吹孔作为卸扣固定点。吊装设备采用 HN5250 型起重机，搭配的吊索索具为 1 根 6 × 37-21.5-170-I 型号的钢丝绳和 2 个 4.75t 的卸扣。吊装稳固后，在分段位置采用气焰割断高度为 10cm 周圈钢板。对于柱内混凝土，则使用风镐打孔再用钢钎将其翘断。拆除作业过程中的操作平台为高空作业车，其性能参数见表 6-3。按照设计允许总荷载规定的线路，采用硬质护栏进行分流，将钢管柱水平运输至地铁 14 号线出土口处，最后垂直吊装至地面。

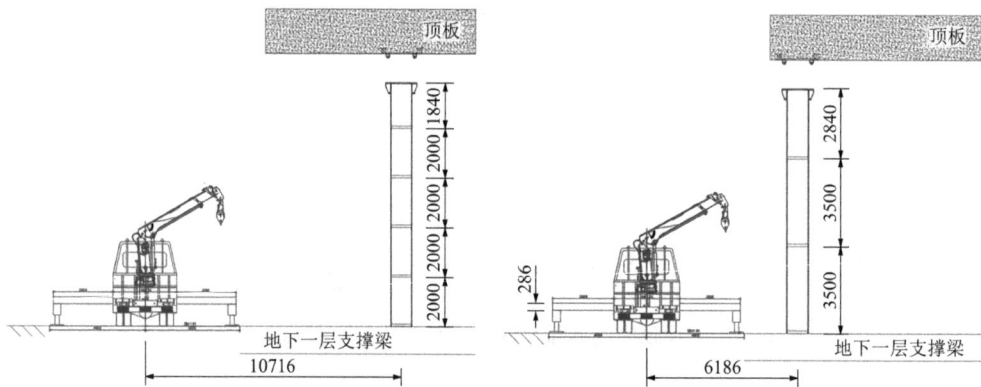

图 6-13 临时钢管柱拆除分段示意图（尺寸单位：mm）

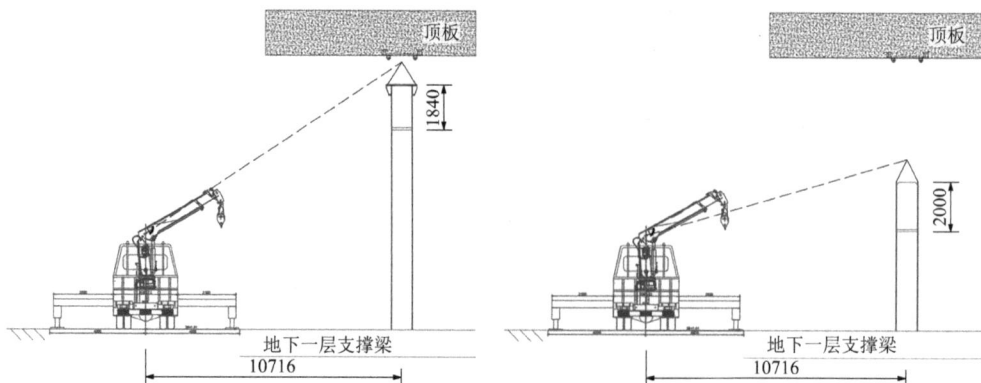

图 6-14 临时钢管柱吊拆示意图（尺寸单位：mm）

高空作业车性能参数表　　　　　　　　　　表 6-3

整车品牌	高空作业车	臂架结构形式	四节工作臂，同步伸缩
底盘型号	JX1041TG25	回转装置	双向 360° 连续回转
作业高度	23m	发动机	国六 115 马力
作业幅度	12m	整车尺寸	5998mm × 2000mm × 2900mm
后支腿跨距	3780mm	总质量	4495kg
前支腿跨距	3685mm	整备质量	4365kg
操作位置	转台、遥控操作	轴距	3360mm
围板及走台板	不锈钢围栏及防滑走台板	操控	单独可调也可联动

3）核心区临时支撑梁拆除

（1）孔洞封闭和支架搭设

临时钢管柱拆除完成后，随即对各层临时支撑梁进行拆除。由于在核心区中庭孔洞内进行作业，各层支撑梁拆除前，需将下层对应位置的中庭孔洞进行临时全封闭，如图 6-15 所示。选用 I18 工字钢（布设间距为 50cm），10cm × 10cm 方木（布设间距为 30cm）以及满铺 18mm 旧模板，从而确保人员施工安全。在临时支撑梁下搭设 ϕ48mm 盘扣支架作为竖向支撑，横纵向间距为 600mm × 900mm，步距为 1500mm，顶托座上横向设置 50mm × 100mm 方木，并通过顶托将支架与支撑梁顶紧；支架两侧各外沿一跨作为临时操作平台，其横纵向间距为 900mm × 900mm。支架、平台搭设完成并经验收后，方可投入使用，平台处禁止堆放重物或摆放机具。

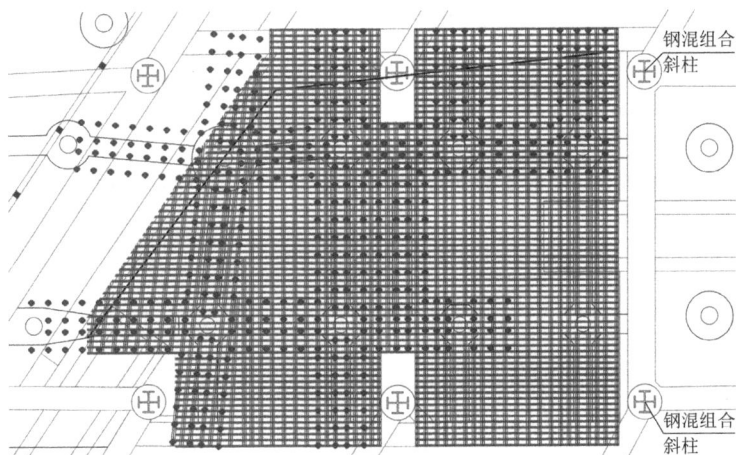

图 6-15　中庭孔洞临时封闭、支架搭设平面图

（2）绳锯切割混凝土临时梁

① 切割方案

绳锯作业采用全液压金刚石绳锯切割机进行切割，作业前需将切割线放样于支撑梁上，分块大小按照起重机站位、吊臂伸长距离及允许吊装质量进行确定，单块质量不得大于

9.6t。同时，切割分块需遵循先远后近、由跨中向两边的顺序进行拆除。临时支撑梁拆除分块示意如图 6-16 所示。

为了方便拆除的首块支撑梁顺利取出，竖向切割切口为内八字形切口，下窄上宽，斜角角度约 75°，如图 6-17 所示。同时，在切缝中插入楔形铁片，以防止切割时出现卡绳情况。金刚石绳锯施工工艺流程如图 6-18 所示。

②切割泥浆水收集与防污染措施

切割过程中会产生泥浆水，为避免泥浆水溢出污染，绳锯切割作业前应沿施工影响区域堆码双层沙袋，将泥浆水引排至低洼汇水位置后集中抽排。

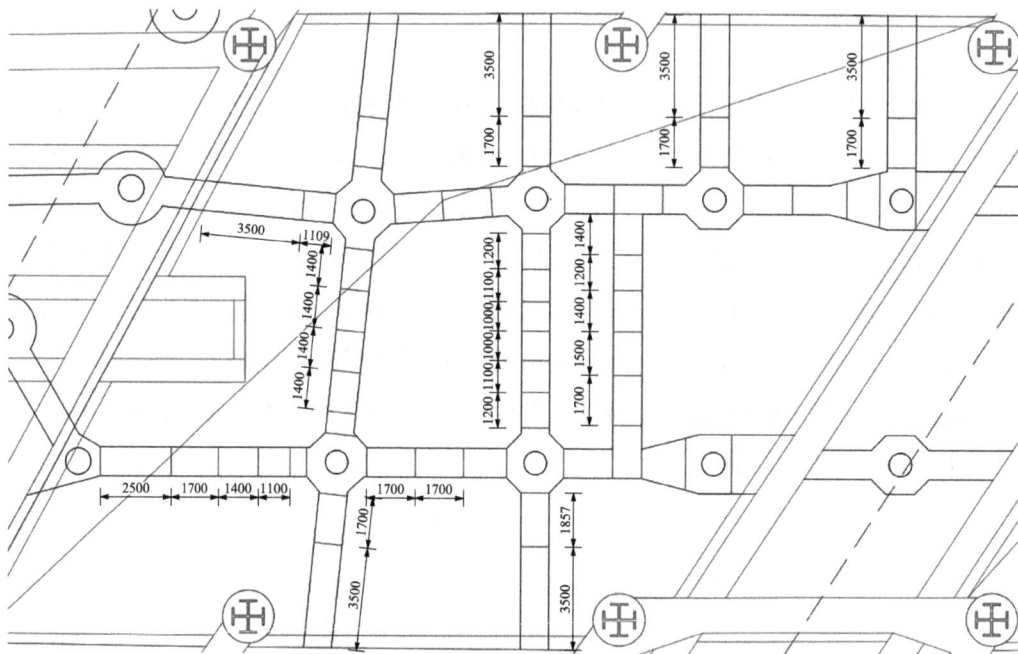

图 6-16 临时支撑梁拆除分块示意图（尺寸单位：mm）

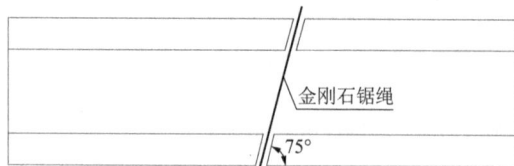

图 6-17 竖向切割切口示意图

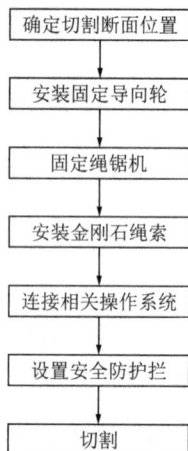

图 6-18 金刚石绳锯施工工艺流程图

（3）拆除运输

支撑梁混凝土块吊装设备采用 HN5250 型起重机，配备的吊索索具为 2 根 6×37-21.5-170-I 型号的钢丝绳和 4 个 4.75t 的卸扣。吊点设置在混凝土块顶部，并采用风镐剥离出吊点位置的主筋，以卸扣轻松通过为宜。该起重机站位平面图如图 6-19 所示。按照设计允许总荷载规定的线路，支撑梁混凝土采用硬质护栏进行分流，可被运输至地铁 14 号线出土口处，并吊装至地面。

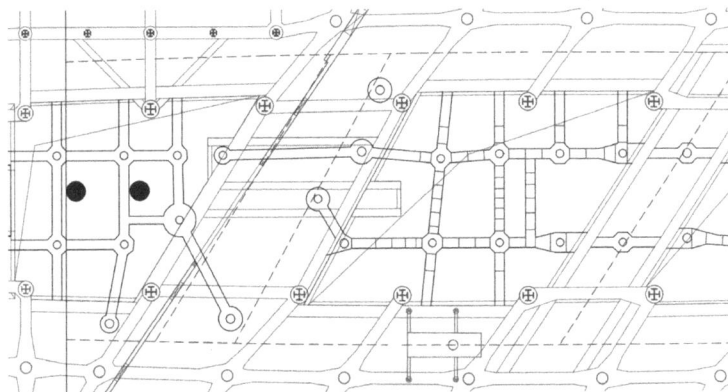

图 6-19　支撑梁拆除起重机站位平面图

6.1.6.2　拆除南北区临时钢管柱、混凝土支撑梁

在地铁 14 号线车站南北区地下一层站厅中庭孔洞内，临时钢管混凝土柱以及混凝土支撑梁的拆除工作，需在上部永久桥箱梁张拉完成且地面无大型附加荷载的情况下进行。拆除时，采用气焰割除临时钢管柱，对于混凝土支撑梁，则视具体情况采用人工风镐破除或绳锯切割的方式，将其分段后，通过起重机吊装予以拆除。在整个施工期间，务必做好扶梯等设备的成品保护。

1）中庭临时钢管柱拆除

当中庭内扶梯安装完毕后，在拆除钢管柱之前，需在其上方搭设平台，并采用防水布对其进行密封防护。防护平台采用工18 工字钢，按间距 500mm 布设，搭设宽度为 10.3m×10.3m。在工字钢的上方，按 300mm 的间距布置 10cm×10cm 的方木，方木上方满铺 18mm 厚的模板，防护平台搭设平面图如图 6-20 所示。

中庭防护平台搭设完成后，需要搭设临时操作平台（采用φ48mm 盘扣支架，横纵向间距 900mm，步距 1500mm）。临时钢管柱具体拆除

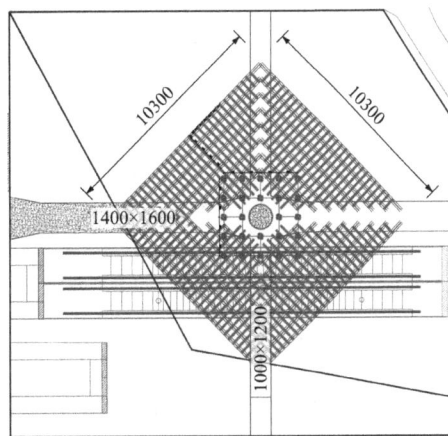

图 6-20　地铁 14 号线中庭防护平台搭设平面图（尺寸单位：mm）

91

步骤如下：首先，使用气割对顶部50cm高的钢管柱周圈进行分块剥离，分块尺寸为50cm×27cm，并人工凿除该部位的管内混凝土；然后，自上而下分段拆除地下一层、二层的临时钢管柱。分段大小按照起重机位置、吊臂伸长距离及允许吊装质量确定，单段质量不得大于7t，具体分段拆除剖面如图6-21所示。吊装设备及吊索具配置与地铁24号线临时钢管柱拆除一致。

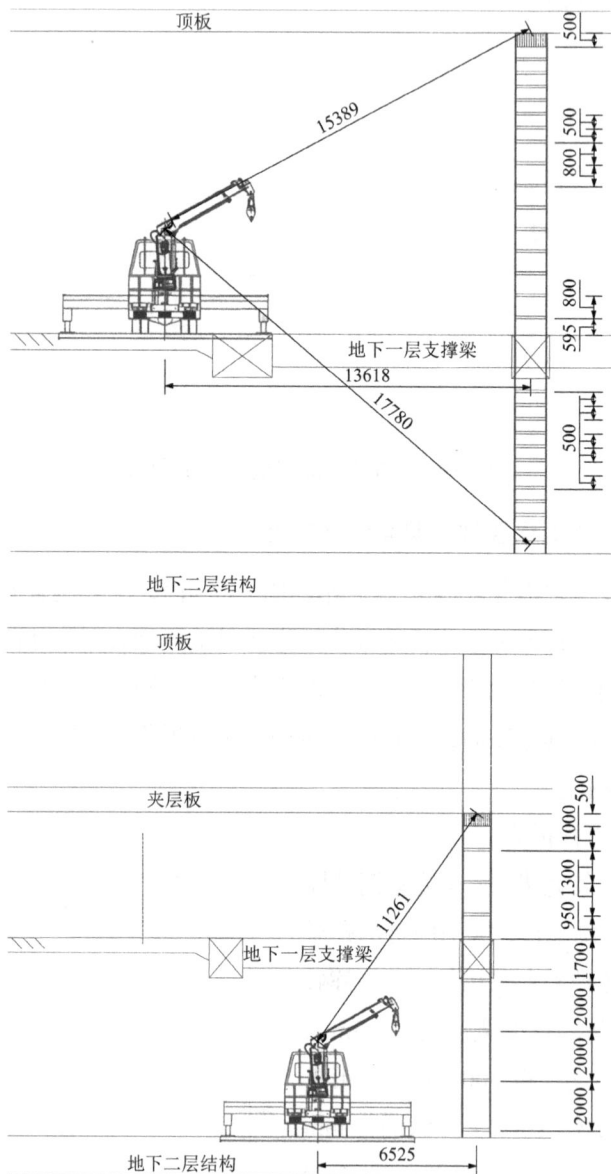

图6-21 南北区中庭内临时钢管柱分段拆除剖面图（尺寸单位：mm）

2）中庭临时支撑梁拆除

（1）孔洞封闭、支架搭设和扶梯防护

地下一层临时钢管柱拆除完成后，随即对临时支撑梁进行拆除。由于需要在中庭孔洞内作业,支撑梁拆除前,要将地下二层对应位置的中庭孔洞进行局部封闭,选用材料为Ⅰ18工字钢(布设间距 50cm)、10cm×10cm 方木(布设间距 30cm)以及满铺 18mm 旧模板。临时支撑梁下搭设 ϕ48mm 盘扣支架,作为竖向支撑,其横纵向间距为 600mm×600mm,步距为 1500mm;支架两侧各外沿一跨作为临时操作平台,其横纵向间距为 900mm×600mm。

同时,为避免支撑梁拆除作业对已安装的扶梯造成破坏,施工前需搭设防护棚并采用防水布对其进行密封保护。防护棚顶部采用Ⅰ18 工字钢并按照间距 500mm 布设,搭设宽度不得小于 3m;工字钢上方按照 300mm 的间距布设 10cm×10cm 的方木,方木上方满铺18mm 模板。两侧利用盘扣支架竖向挂设防抛网,并用全包模板密封牢固,如图 6-22、图 6-23所示。

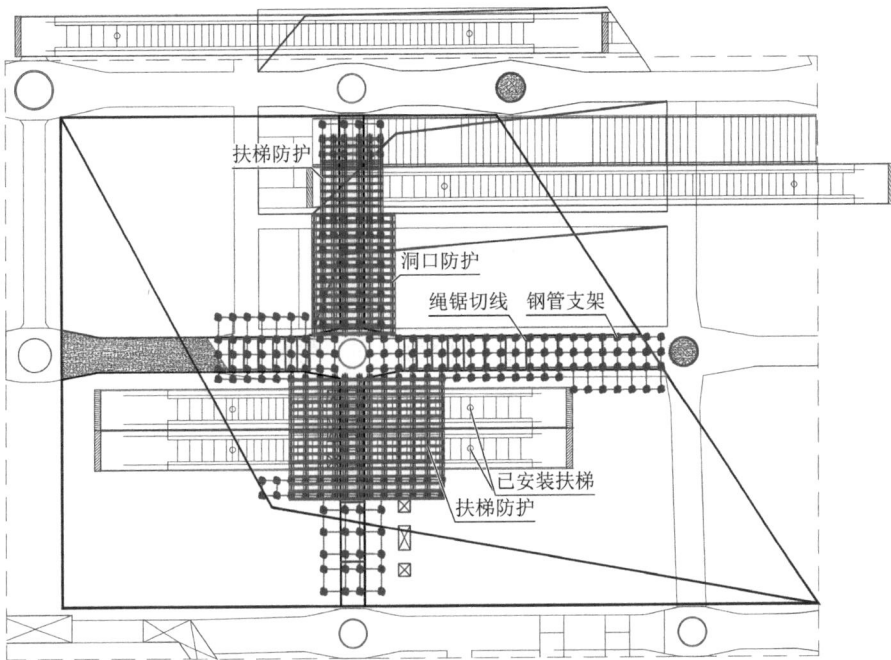

图 6-22　南北区中庭支撑梁拆除支架、防护平面图

(2)中庭临时支撑梁拆除

支撑梁的拆除主要采用绳锯分块切割、吊运的方式,每条梁拆除方向为由跨中向两端支座依次进行,分块大小按照起重机站位、吊臂伸长距离及允许吊装能力确定,单块质量不得大于 9.6t,如图 6-24 所示。

支撑梁混凝土块的吊装设备采用 HN5250 型起重机,配备的吊索索具为 2 根 6×37-21.5-170-Ⅰ型号的钢丝绳和 4 个 4.75t 的卸扣。吊点设置于混凝土块的顶部,并采用风镐剥离出吊点位置的主筋,以卸扣轻松通过为宜。按照设计允许总荷载规定的线路,采用硬质护栏进行分流,将支撑梁混凝土块运输至地铁 14 号线出土口处,并吊装至地面。

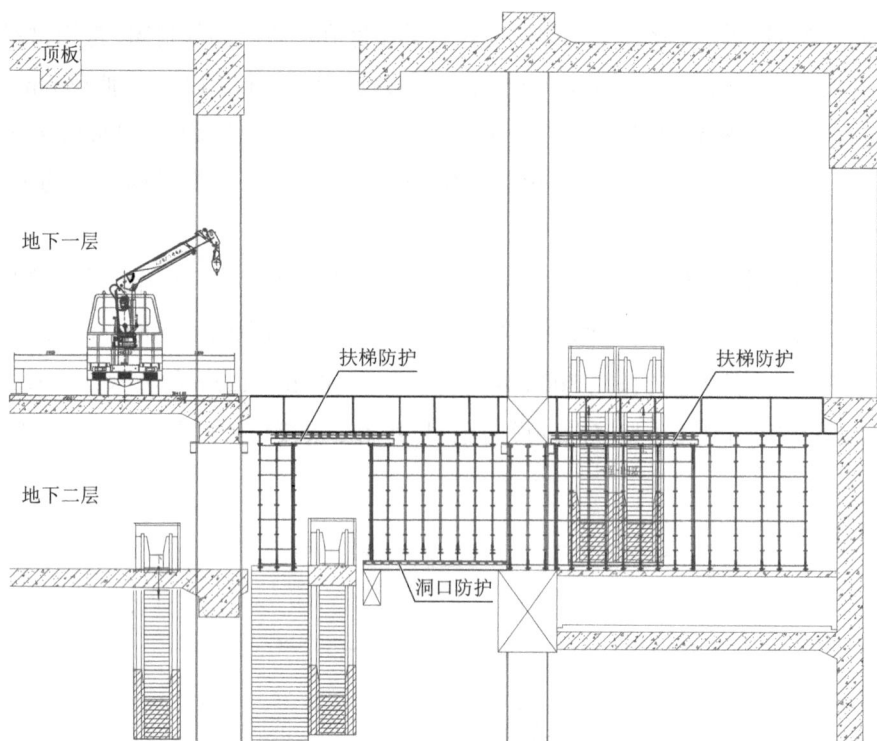

图 6-23 南北区中庭支撑梁拆除支架、防护立面图

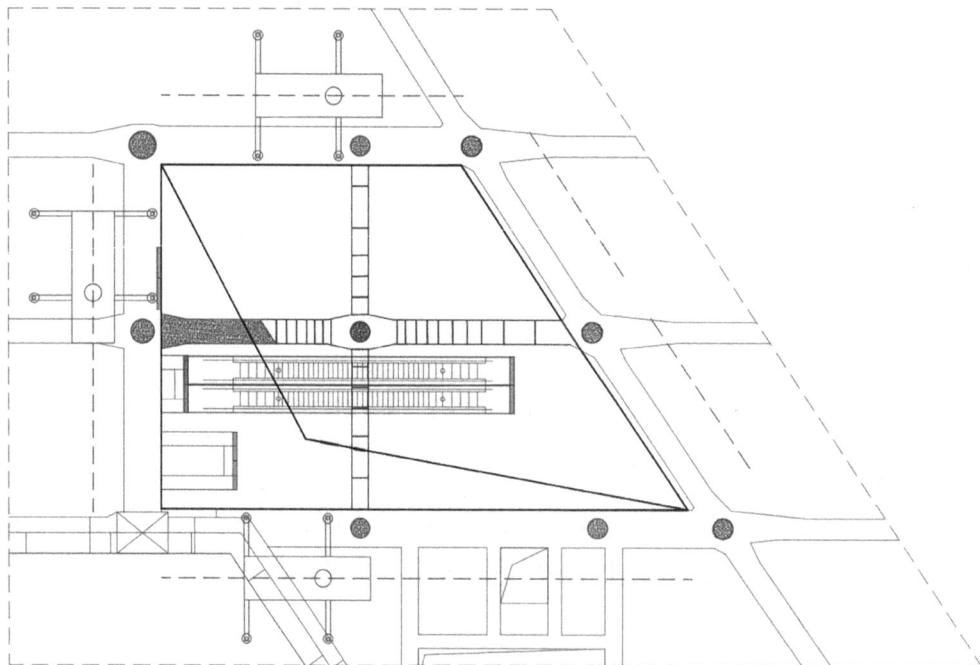

图 6-24 南北区中庭支撑梁拆除分块示意图

6.1.6.3 地铁 7 号线车站西侧临时钢管柱拆除

在前期相关工作完成后，本工程紧接着对地铁 7 号线车站进行改造。当中区改造完成

后，自上而下逐层采用气焰切割、人工抬断、叉车分段吊运的方式拆除临时钢管混凝土柱。南北区改造完成后，按照相同方法拆除剩余临时钢管混凝土柱。

6.1.7　质量安全保障措施

（1）质量控制措施

在整个施工过程中，需要制定一系列的质量控制措施以保证施工的质量。首先，本工程针对地铁 24 号线核心区的临时钢管柱的顶升及加载过程，提前开展对接设计的受力转换模拟分析，以确定分级加卸载要求，并进行二次模拟复核。在这个过程中认真听取行业专家的意见，对施工设计方案进行细化，并做好相应的施工策划。同时，对于施工过程，需要委托有类似经验的施工合作方，提前梳理存在的问题，从而实现施工的自动化监测；其次，地铁 14 号线南北区构件在动火或切割拆除、吊装运输期间，需对作业范围内的扶梯及其他设施进行硬质防护，以避免构件散落、火花四溅、切割泥水以及物体碰撞对周边成品造成破坏。此外，在构件吊装过程中，要对吊装设备及锁具进行相应的检查，并做好隔离设备的行走和运输路线的规划以及安全警戒工作。

（2）安全措施

V 形柱的施工是一项大型且复杂的施工工序。其中，为保证临时支架的搭设及拆除安全，需做好如下工作：首先，要严格按照施工方案进行临时支撑的搭设。同时，为保证地基承载力满足相应要求，需对支架范围内既有结构进行一定的保护和加固。其次，支架关键构件的搭设需满足一定的规范，如将剪刀撑杆控制在 45°~60°的范围之内，且施工作业的平台应按要求搭设和满铺脚手板，其间不得留空头板，并保证有 3 个支撑点绑扎固定。最后，对于搭设完成的支架结构，必须要验收合格后才能进行作业，未经验收或不合格的结构，不得进行下一道工序作业，现场支架搭设如图 6-25 所示。

图 6-25　现场支架搭设

6.2　地下 V 形柱结构体系转换方法

本工程在施工实践中，采用先借助临时支撑承载，随后通过体系转换实现由 V 形柱承载的施工方法，能够切实保障实际结构体系的转换工作高效、安全地开展。然而，在整个体系转换施工进程中，不可避免地会遭遇一系列新问题。其中，最为突出的问题包括体系转换方案的科学制定，以及在转换过程中对临时支撑与永久结构的内力和变形进行精准控制。

在这个体系转换过程中，主体结构的受力状态将不断发生变化，且内力也会面临重新分配。不同的转换方案会致使终态主体结构呈现出不同的内力和位形状态。因此，在施工和设计分析中，这些因素都必须加以考虑。基于以上问题，本节对卸载进行全过程模拟，以便确定合理且最优的体系转换方案。同时，明确结构体系转换前后结构力学行为的变化情况，从而为后文的结构监测提供依据。

6.2.1　分析方法

结构体系的转换过程是一个施工过程，而施工过程的力学模拟是力学学科和土木工程学科相结合的产物，主要研究结构在施工过程中的力学表现，以对施工过程进行正确的结构分析[71]。当前，施工力学正作为一门专门研究施工过程中结构体系受力机理的学科逐渐发展和完善起来。施工力学属于时变结构力学的范畴，而时变结构力学主要有以下几个领域[72]。

（1）快速时变结构力学：当结构和荷载迅速变化时，由于结构本身惯性力会对结构产生显著影响，此时需运用时变结构振动理论加以研究。

（2）慢速时变结构力学：当结构随时间缓慢变化时，可采用离散性的时间冻结近似处理，将其视为一序列时不变结构，进而进行静力或动力分析，这就要求研究结构在工作过程中的若干最不利状态。在进行每个状态的分析时，暂不考虑结构的变化情况，而是着重分析该状态下结构的强度、刚度及稳定性。施工力学就属于慢速时变结构力学。

（3）超慢速时变结构力学：主要关注由材料自身、环境影响以及经常荷载等因素，所引发的结构腐蚀、老化、损伤等问题，对结构可靠度产生的影响。

施工力学属于时变结构力学中的慢速时变结构力学领域。将整个施工过程离散为若干个具有不同状态的施工阶段，对每一阶段进行单独分析，并考虑施工段之间变形与应力的累积效应。对于施工过程分析而言，较为有效的方法是施工全过程跟踪分析法。其基本力学模拟方法主要包括有限单元法、时变单元法和拓扑变化法。本文采用当前工程中应用效果良好且较易实现的有限单元法。运用有限单元法进行施工全过程力学模拟的基本方法是：将结构依据实际施工过程划分为若干施工步，按照施工时间顺序，依次激活各施工步。在计算过程中，本施工步及前施工步的结构刚度和荷载参与运算，而后续尚未激活施工步的结构刚度和荷载则处于钝化状态，不参与计算。同时，充分考虑各施工步之间的相互关系及累积效应，真实模拟施工全过程中的受力与变形情况。

6.2.2　有限元模型

有限元模型以第 2 章中图 2-11 所示的整体模型为基础，建立体系转换之前的临时钢管柱与柱顶千斤顶单元，临时钢管柱与永久钢管柱材料相同，见表 2-2，且同样采用梁单元模拟，如图 6-26 所示。荷载形式及荷载组合与第 2 章一致，为便于后续对体系转换过程展开模拟，本节所建立的模型针对每一批次的临时钢管柱、千斤顶以及 V 形柱，均进行单独分组处理。

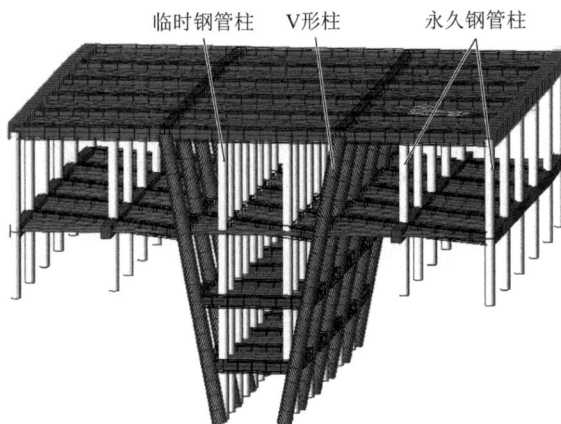

图 6-26　体系转换前的临时钢管柱与柱顶千斤顶单元

6.2.3　顶升卸载模拟

顶升卸载全过程模拟借助 Midas Gen 分析软件中的施工阶段模拟功能展开，如图 6-27 所示。在该软件中，通过定义一个阶段序列，每个阶段均可增加和去除结构或荷载。体系转换过程的模拟，本质上就是一个分步加卸载的过程，直至达到所有临时支撑反力消失的终态。由于在临时支撑尚未卸载之前，其承担着支撑四层板的压力，故而无法用支座代替临时支撑来施加强制位移，以此模拟千斤顶的升降动作。并且，下部支撑在卸载过程中随着支撑反力的降低会产生回弹。本工程采用只压特性的连接单元，可真实模拟千斤顶群的卸载过程。考虑到本工程体系转换过程中可能出现较大的水平位移，故而将水平位移释放，仅约束竖向位移。此外，通过对受压单元进行升降温操作，从而控制其长度变化，以此来模拟千斤顶的顶升过程。

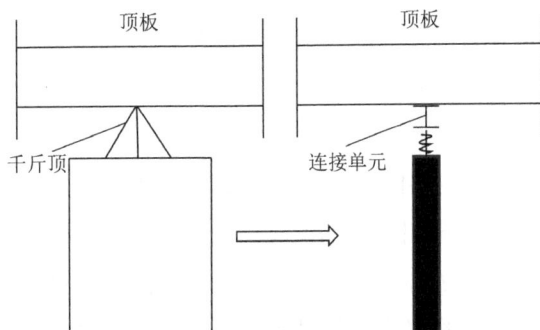

图 6-27　千斤顶卸载模拟

为保证顶升处板应力较小且便于钢垫块取出，对四根临时支撑模拟进行顶升，并确定顶升高度为 3mm。此时顶升处板顶的拉应力为 4.5MPa，如图 6-28 所示。卸载时需严格控制其缓慢回落，待回落至预定状态后，对相应临时支撑执行钝化操作，使其彻底完成卸载流程。

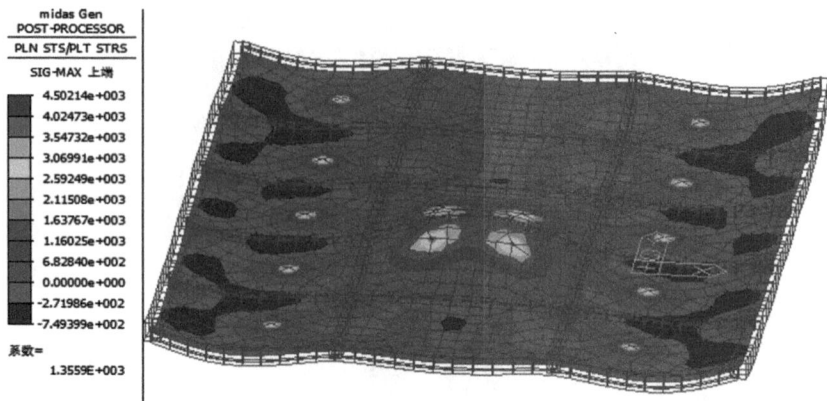

图 6-28　顶升 3mm 时的板应力

6.2.4　卸载方案比选

为兼顾结构体系转换过程的安全性和高效性，本节根据临时支撑卸载范围提出了两种方案，结构编号如图 6-29 所示。

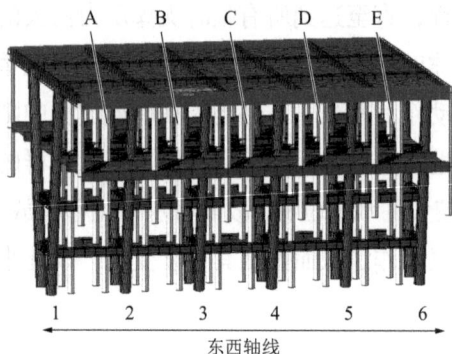

图 6-29　结构编号图

方案一：对中间 2～5 号 V 形柱对应的 8 榀（16 根）临时钢管柱进行整体同步顶升卸载（相当于 2～5 号 V 形柱都一次性完成体系转换）。

方案二：从中间 3 号 V 形柱开始，从中间向两边对 2 榀（4 根）临时钢管柱进行分组同步顶升卸载（结构体系转换顺序为 3→4→2→5）。

两种卸载方案下 V 形柱最大轴力随临时支撑卸载过程变化如图 6-30 所示，东西轴线各 V 形柱最大轴力随临时支撑卸载过程变化如图 6-31 所示。由图 6-31 可知，最大轴力始终出现在已卸载临时支撑对应的 V 形柱底部。对比两种方案，在卸载完成后，结构处于最终状态时，各个 V 形柱的轴力大小区别并不显著，最大相差 148kN。方案一采用整体同步顶升卸载的方式，在此过程中，V 形柱轴力会有较大的突变；而方案二采取分组卸载的策略，随着卸载的临时支撑数量增加，V 形柱轴力逐渐呈阶梯增加，而其轴力变化幅度较平缓，整个结构 V 形柱的最大轴力变化也较平缓。进一步观察还能发现，在顶升临时支撑的过程中，与临时支撑相邻的 V 形柱轴力会略微减小；当卸载临时支撑后，相邻的 V 形柱轴力增幅极为显著，至少为 50%，其余 V 形柱的轴力则仅有小幅度增加。

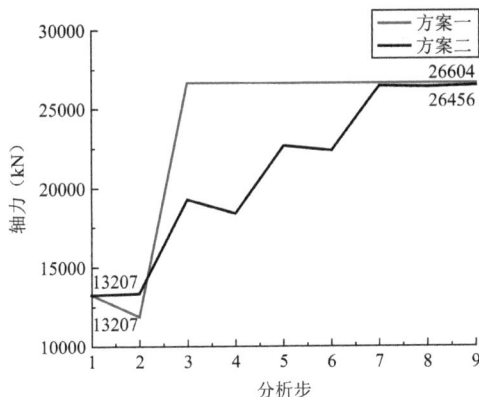

图 6-30 两种卸载方案下 V 形柱最大轴力随临时支撑卸载过程变化图

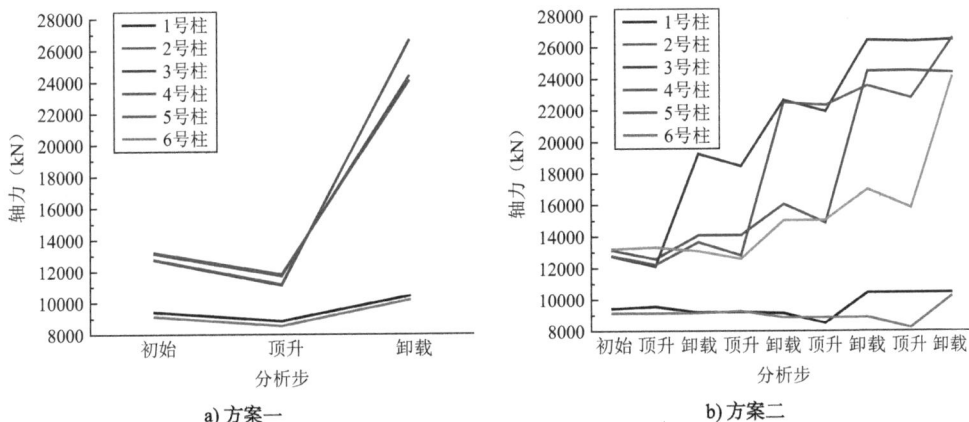

a) 方案一　　　　　　　　　　　　　　b) 方案二

图 6-31 东西轴线各 V 形柱最大轴力随临时支撑卸载过程变化图

　　梁板的应力变化规律与上述规律类似，整体卸载方案下都会有一个较大的增幅，分组卸载方案下呈阶梯增加。对比两种方案卸载后的状态可知，地下二层梁端应力差最大可达1.7MPa。总体来看，由于该结构基本已经成型且刚度较大，在结构体系转换过程中，临时支撑同时卸载的范围对最终状态影响很小，但考虑到卸载过程中的动力效应，整个卸载过程结构受力变化应尽量平缓。基于以上结果，经过全面考量和权衡，最终得出分组同步顶升卸载方案更优（方案二）。

6.2.5　卸载前后结构力学行为分析

　　第 2 章针对卸载前的结构静力性能进行了分析，由于经过体系转换过程后，最终受力状态与直接整体建模时的受力状态会有一定的不同，因此有必要对结构临时支撑卸载前和采用方案二分组同步顶升卸载之后结构的力学状态变化进行对比分析。

　　东西轴线永久直柱和 V 形柱在卸载前、后的轴力变化如图 6-32 所示。从图 6-32 中可看出，在卸载前后，V 形柱的轴力变化最明显，2~5 号轴 V 形柱的轴力增幅区间在 80%~110%；相反，未卸载临时支撑的 1 号轴和 6 号轴 V 形柱轴力增加较少，仅有 2% 左右。除此之外，两侧永久直柱轴力增幅较小，最大仅增加了 2.5%。由此可见，临时支撑卸载后，绝大部分荷载将通过梁板传递给相邻 V 形柱，使得 V 形柱底部轴力增幅最大。

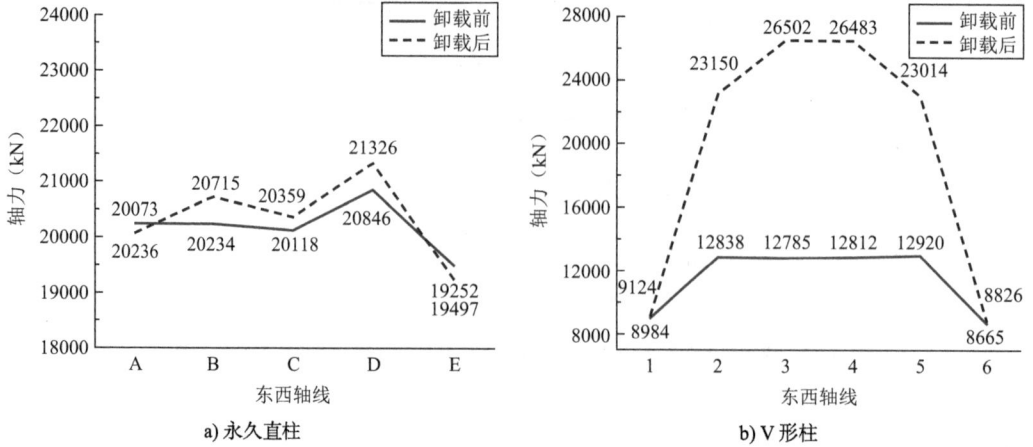

a) 永久直柱

b) V 形柱

图 6-32　卸载前、后永久直柱和 V 形柱轴力变化图

临时支撑卸载前后顶层梁弯矩图如图 6-33 所示。从图 6-33 中可看出，由于临时支撑卸载，结构中间跨度变大，卸载后连接 V 形柱的梁弯矩均大幅增加，特别是梁跨中和两端弯矩均增加数倍，其他层梁也类似，并且最大负弯矩出现在地下一层梁端。

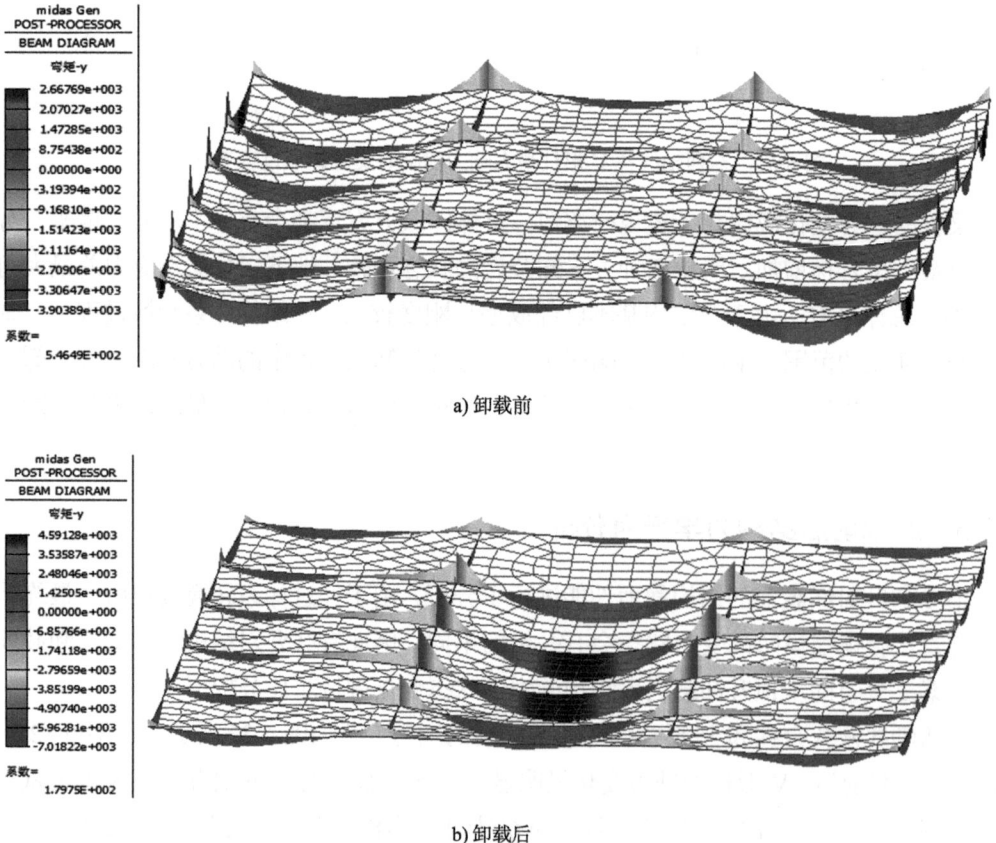

a) 卸载前

b) 卸载后

图 6-33　卸载前、后顶层梁弯矩图（单位：kN·m）

　　临时支撑卸载前后 V 形柱的弯矩图如图 6-34 所示,其应力图如图 6-35 所示。从图 6-34、图 6-35 中可看出,卸载后每层梁柱节点处的弯矩均大幅增加,且地下一层与地下二层弯矩方向与卸载前相反,地下三层与地下四层弯矩方向不变。分析其原因,可知卸载前位于地下一层和地下二层 V 形柱左右两侧的梁传递弯矩大于 V 形柱中间的梁传递弯矩;卸载后,由于 V 形柱中间梁弯矩大幅增加,大于 V 形柱左右两侧梁传递的弯矩,V 形柱弯矩反向且数值增大。卸载前,由于 V 形柱底轴力更大,故而 V 形柱应力最大处也在柱底。卸载后,V 形柱弯矩及轴力大幅增加的同时,也使得 V 形柱应力大幅增加,且 V 形柱应力最大值位置从柱底逐渐转移至地下一层、地下二层柱底。

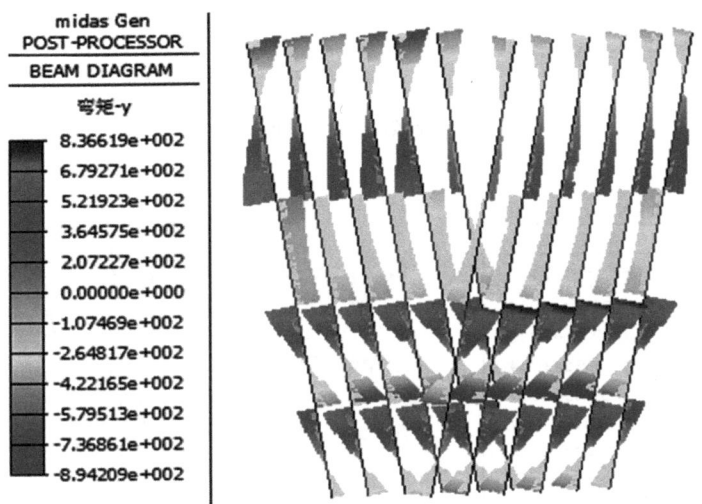

a) 卸载前(单位:kN·m)

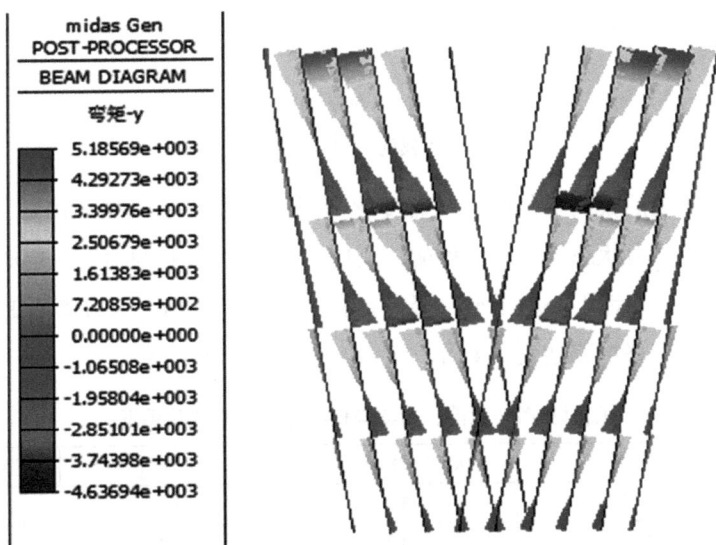

b) 卸载后(单位:kN·m)

图 6-34　卸载前、后 V 形柱弯矩图

a) 卸载前（单位：kPa）

b) 卸载后（单位：kPa）

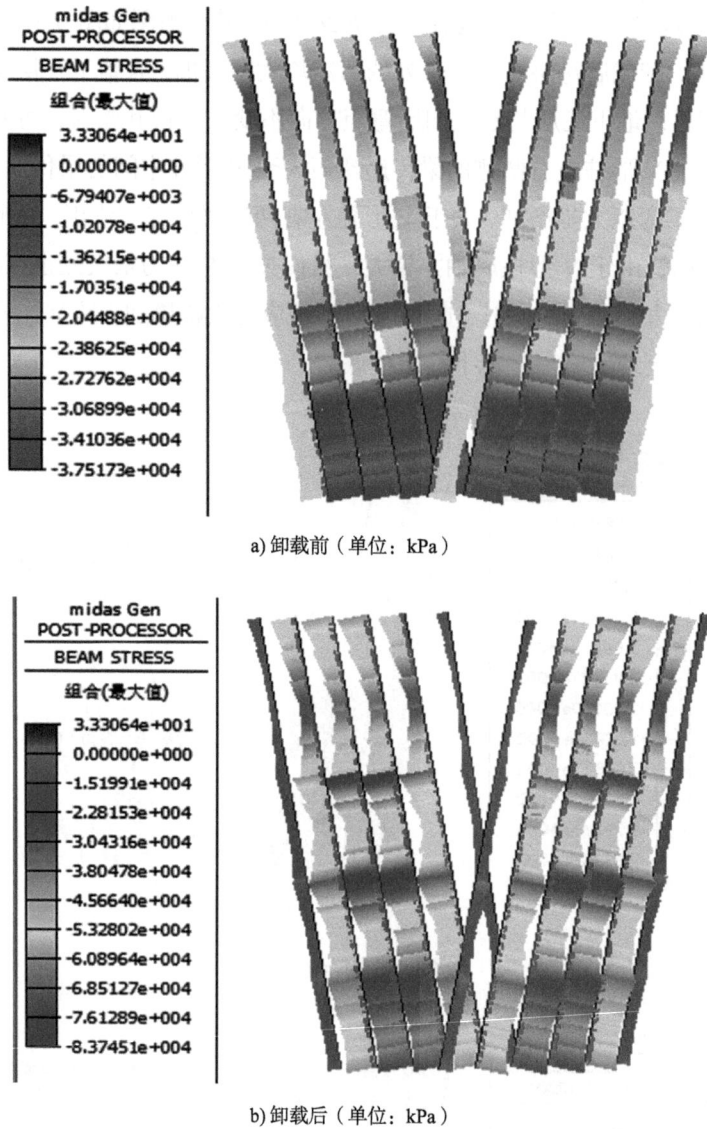

图 6-35　卸载前、后 V 形柱应力图

　　临时支撑卸载前后梁与板的受力状态变化情况见表 6-4。由表 6-4 可知，临时支撑卸载后，各层梁、板的受力状态均有较大增幅。其中，连接 V 形柱的地下一层梁和地下一层板受影响最大，卸载后的地下一层梁最大竖向位移增幅达到 2 倍，应力增幅更是高达 6.2 倍；地下一层板的竖向位移增幅达到 3.4 倍，应力增幅也达到 4.2 倍。

临时支撑卸载前、后梁与板的受力状态变化情况　　　　　表 6-4

时间	位置	最大压应力（MPa）	最大拉应力（MPa）	竖向位移（mm）
卸载前	顶层梁	13.7	11.5	4.8
	地下一层梁	14.2	12.1	4.1
	顶层板	0.4	1.1	5.4
	地下一层板	1.6	1.2	5.2

时间	位置	最大压应力（MPa）	最大拉应力（MPa）	竖向位移（mm）
卸载后	顶层梁	24.5	42.2	9
	地下一层梁	15.6	75	8.1
	顶层板	2.7	4.5	17.9
	地下一层板	2.7	5.0	17.8

总体来看，整个结构在卸载前、后关键构件的刚度及强度储备均有较大富余。虽然混凝土的拉应力较大，超过了 C60 等级的混凝土拉应力限值，但根据《混凝土结构设计标准》（2024 年版）（GB/T 50010—2010）计算得到的最大裂缝宽度，均小于规范限值。

6.3　本章小结

本章针对地下 V 形柱结构体系转换问题，首先介绍了结构体系转换的两种施工方法，并详细介绍了工法特点、适用范围、原理以及它们的工艺流程；其次，介绍了地铁 24 号线、14 号线及 7 号线车站临时支撑的拆除方式；在此基础上，介绍了整个结构体系转化过程中所用到的材料及设备，提出了相应的质量安全保障措施和环保措施，保证了施工过程的安全。除此之外，本章还介绍了地下 V 形柱临时支撑的卸载方案，并通过 Midas Gen 建立该结构简化模型，用来模拟体系转换过程。同时，通过对比两种结构体系卸载方案下结构受力状态的变化情况，研究卸载前后对结构力学行为的影响，得到了以下结论：

（1）本章对比了两种卸载方案，并通过有限单元法对比两种方案下的结构力学行为变化，从而确定了最优卸载方案，即分组同步顶升卸载时，结构的受力状态变化更平缓。

（2）卸载后，荷载主要传入 V 形柱，致使 V 形柱底部轴力增幅达 80%～120%，而永久钢管柱轴力增幅仅 2%。同时，卸载后的结构跨度变大，V 形柱与连接 V 形柱的梁弯矩和应力均大幅增加，受卸载影响最大处的地下一层梁，最大竖向位移和应力增幅分别达到 2 倍和 6.2 倍；而地下一层板的竖向位移和应力增幅分别达到 3.4 倍和 4.2 倍。

—— 第 7 章 ——

地下 V 形柱空间结构体系
转换监测技术研究

7.1 概述

通过对地下 V 形柱结构体系转换过程开展数值模拟分析，可以明确主体结构在体系转换过程中的内力及变形情况，进而甄选出较为合理的体系转换方案。然而，数值模拟对实际结构以及体系转换过程进行了诸多简化处理，许多影响因素难以全面纳入考量。例如，数值模拟中的荷载难以与实际施工现场荷载完全契合，施工操作不当以及结构本身存在的一些缺陷（比如前文研究提及的节点偏差）等情况，均无法在模拟中精准体现。正因如此，数值模拟结果与实际情况往往会存在一定程度的差异。因此，对于这类大型地下 V 形柱结构，应在数值模拟的基础上进行结构体系转换健康监测，明确体系转换过程中结构的实际

图 7-1　结构现场外观图

受力状态变化，保证整个体系转换过程安全进行，同时也能验证数值模拟结果的合理性，结构现场外观图如图 7-1 所示。

本章针对黄木岗综合交通枢纽中区 V 形柱结构体系转换过程展开研究，根据数值模拟结果，结合该枢纽中区结构的特点，制定了一套 V 形柱结构体系转换过程中的位移与内力的监测方案。根据此方案，布置了测量智能机器人以开展自动化监测，获取了地下 V 形柱空间结构在体系转换过程中的位移和内力变化规律，同时也验证了结构体系转换方案的合理性。

7.2 地下 V 形柱结构体系转换监测方案

位移监测工作的开展，首先需要在结构的关键位置处布置测点，而后使用仪器监测这些测点在三维空间上的几何位置变化，从而得到测点的变形值。

基于前文提及的数值模拟结论，顶层梁、板与地下一层梁、板处的位移相对较大，其中尤以顶层梁、板处的位移最为显著。因此，在体系转换过程中，选用测量智能机器人——Leica TM50 自动化全站仪，针对顶层临时柱柱顶对应的顶板位置、V 形柱柱顶及型钢梁跨中的位移实施自动化监测。本工程采用 6.3.4 节的方案二进行体系转换，故而需要对一批体系转换过程中的 4 根临时柱柱顶对应的顶板位置、2 根 V 形柱柱顶位置以及型钢梁跨中位置进行监测，相应地需布置 7 个自动化监测棱镜。利用固定在地下一层板上的自动化全站仪对棱镜的位移进行自动化监测，该全站仪的测角精度为 0.5″，测距精度为 0.6mm + 1×10^{-6}，位移测点布置如图 7-2 所示。

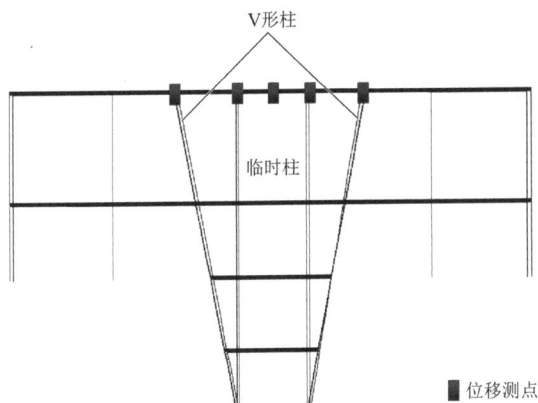

图 7-2　位移测点布置图

　　对于应力监测，由于目前并未研制出高效且能够直接监测应力的仪器设备，所以现阶段大多是借助应变计监测应变，然后利用计算公式将应变转化为应力。目前，应力与应变常用的测量方法主要有：电测法、振弦法、压电感应法及磁测法等。综合考虑现场监测环境条件以及监测要求，本结构的应力监测采用振弦式应力传感器与轴力传感器。振弦法是利用钢弦的自振频率与钢弦所受外加张力的关系式来监测应变。与其他传感器相比，振弦式应力传感器具有稳定性好、抗干扰能力强、精度和分辨率高等优点。

　　基于前文的数值模拟结果，在结构体系转换区域的地下一、四层 V 形柱处，以及临时柱、临时柱柱顶顶板处，布置相应的传感器以实现自动化监测。相应的测点布置如图 7-3 所示。

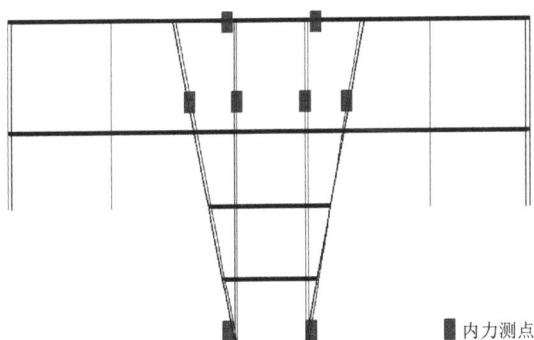

a) 内力测点示意图

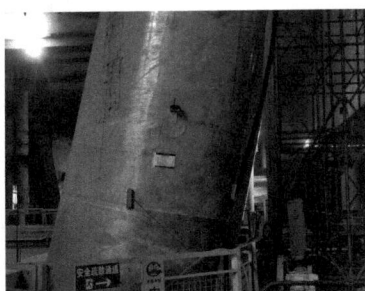

b) V 形柱现场测点图　　　　c) 临时柱现场测点图

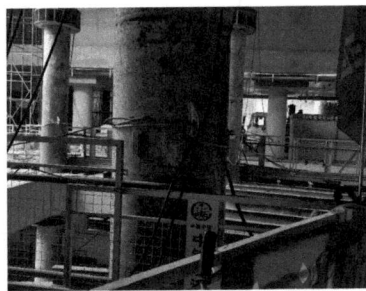

图 7-3　测点布置图

107

7.3 地下 V 形柱结构体系转换监测数据

7.3.1 位移监测

以第一批次转换的临时钢管柱为例进行分析。在第一批次 V 形柱体系转换过程中，临时柱柱顶位移变化曲线如图 7-4 所示。从图 7-4 中可以清晰地观察到，在加载阶段，4 根临时钢管柱柱顶均产生向上的位移，且在第五次加载时，4 根临时钢管柱柱顶的钢垫块均顺利取下，顶升位移最大为 2.5mm 左右，均未超过设计给出的控制值 3mm。这一结果有力地证明了在加载顶升阶段，顶升荷载和顶升位移控制值准确合理。进入卸载阶段，同一批次的 4 根临时钢管柱柱顶均产生向下位移。从卸载起始直至临时钢管柱卸载操作全部完成，其平均总位移量为 −5.4mm。在第 1 级到第 5 级卸载过程中，4 根临时支撑的平均沉降量随着卸载等级的逐步增加而出现逐渐减小的趋势。这一现象表明：在卸载前期，位移发展较为充分，由此可见，采用卸载量逐级递增的多级卸载方式是合理且符合工程需求的。

同理，选取第一批次转换的临时钢管柱所对应的 V 形柱作为分析对象。在第一批次转换过程中，V 形柱柱顶位移变化曲线如图 7-5 所示。从图 7-5 中可以清晰地看出，由于核心区结构整体沿东西轴线对称分布，在第一批次转换时，轴线两侧的两根 V 形柱柱顶位移趋势基本一致。在加载阶段，两根 V 形柱柱顶位移均略有上升；而在卸载阶段，则出现较为明显的沉降现象。在加载阶段，轴线两侧 V 形柱柱顶的抬升量很小，从加载初始直至加载全部结束，总抬升量约为 0.2mm。进入卸载阶段，轴线左侧 V 形柱柱顶在第 3 级卸载时沉降量最大，达到 −1.25mm，轴线右侧 V 形柱柱顶在第 3、4 级卸载时沉降量最大，均沉降 −0.7mm。在第一批次转换阶段，框架轴线两侧顶升和沉降均较为相近，这充分说明在体系转换过程中，伺服系统几乎同步加载，两侧结构未出现受力不均衡的情况。

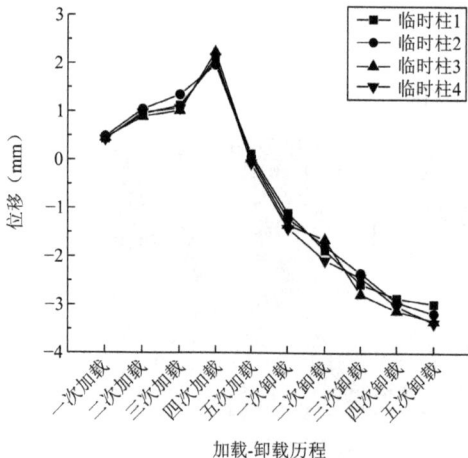

图 7-4 临时柱柱顶位移

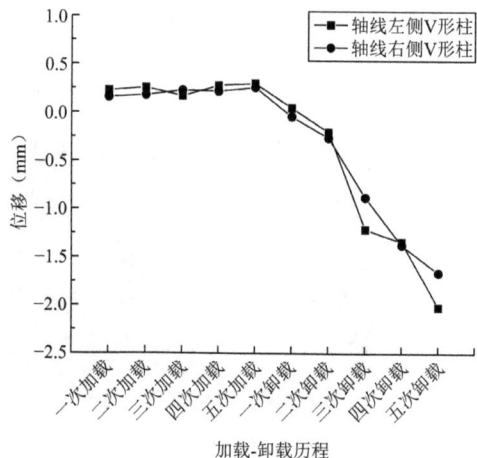

图 7-5 V 形柱柱顶位移变化曲线

以第一批次和第二批次转换时相邻两跨型钢梁作为分析对象。第一批次和第二批次转换时相邻两跨型钢梁跨中位移变化曲线如图 7-6 所示。由图 7-6a）可知，在第一批次结构转换过程中，与其相邻的第二批次有临时柱支撑。所以，该批次对应的型钢梁跨中挠度在整个加卸载过程中变化幅度极小，最终沉降量为−0.5mm。在加载阶段，第一批次型钢梁跨中产生向上位移，每次加载时的上升量相近，加载完成后的总上升量为+4.6mm；在卸载阶段，第一批次型钢梁跨中产生向下沉降，在前几级卸载过程中，型钢梁跨中沉降发展速度较快，总沉降量为 12.2mm，其中第 1 级卸载后的沉降量最大，达到−6.4mm，占总沉降量的 53%，这与临时柱柱顶在卸载阶段的沉降规律基本一致。

如图 7-6b）所示，由于第二批次转换时第一批次处的临时柱已经卸载完成，因此在第二批次临时柱卸载时，尽管两批次处的型钢梁跨中同时产生向下位移，但第一批次型钢梁跨中沉降量远小于第二批次。在加载阶段，第一批次、第二批次型钢梁跨中在第 5 级加载后，分别产生+1.5mm 和+4.4mm 的向上位移；在卸载阶段，经过 5 次卸载后，两批次型钢梁跨中分别产生−5.0mm 和−17.1mm 的沉降，且在第 1、2 级卸载时沉降增长较快。卸载完成后，21、22 轴型钢梁跨中沉降分别达到−13.3mm 和−14.6mm，二者数值相差不大。这是由于两批次处的型钢梁跨度基本相同，第二批转换完成后，两轴的临时柱均已卸载完成，型钢梁的受力状态基本一致。

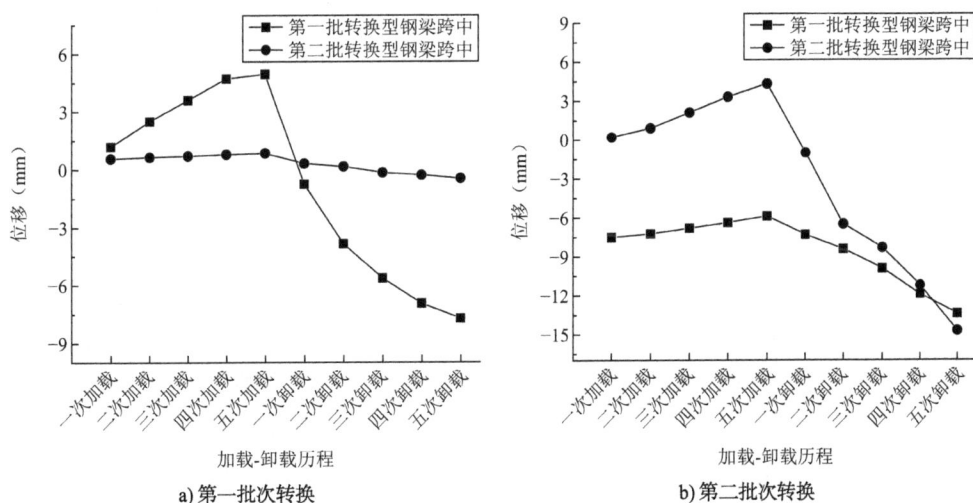

a) 第一批次转换　　　　　　　　　b) 第二批次转换

图 7-6　第一批次和第二批次转换时相邻两跨型钢梁跨中位移变化曲线

7.3.2　内力监测

第一批次体系转换临时柱轴力变化曲线如图 7-7 所示。从图 7-7 中可以看出，第一批次的 4 根临时钢管柱变化趋势相近。在加载阶段，临时柱轴力均有一定幅度的增加，且在第一次加载时的增长量最大，约达 1000kN。加载结束后，4 根临时钢管柱轴力总增幅在 20%左右，轴力在 7200kN 左右。这一数值相较于临时钢管柱轴压设计值要小得多，充分表明结构在顶升阶段直至取下钢垫块的整个过程中，均处于安全状态。在卸载阶段，随着千斤顶的回落，临时柱的受力逐渐减小，直至千斤顶回落至与顶板脱离接触，此时临时柱不再承载，轴力仅为本身自重。整个卸载过程中，第 3 级卸载时的轴力减小幅度最大，为 2800kN 左右，其他几级卸载轴力减小幅度相近。整个回落过程中，临时柱轴力未出现大幅突变，这进一步验证了卸载过程的合理性。

第一批次体系转换对应的 V 形柱轴力变化曲线如图 7-8 所示。从图 7-8 中可以看出，由于结构关于轴线对称分布，轴线左右两侧的 V 形柱轴力变化趋势相近，且数值差异微小，这充分表明加卸载过程具备较高的同步性。在加载阶段，两侧 V 形柱轴力均有一定程度的减小，左侧 V 形柱在第二次加载时减小量最大，为 1100kN。右侧 V 形柱在第五次加载时减小量最大，为 1200kN。整个加载阶段结束，两侧 V 形柱轴力总减小量为 2000kN 左右。在卸载阶段，由于 4 根临时钢管柱逐渐退出工作，V 形柱轴力显著增加。卸载完成后，V 形柱轴力达到 12000kN 左右，相比初始阶段增大了 50%，但整个过程中无明显内力突变，且 V 形柱最终轴力远小于设计值。

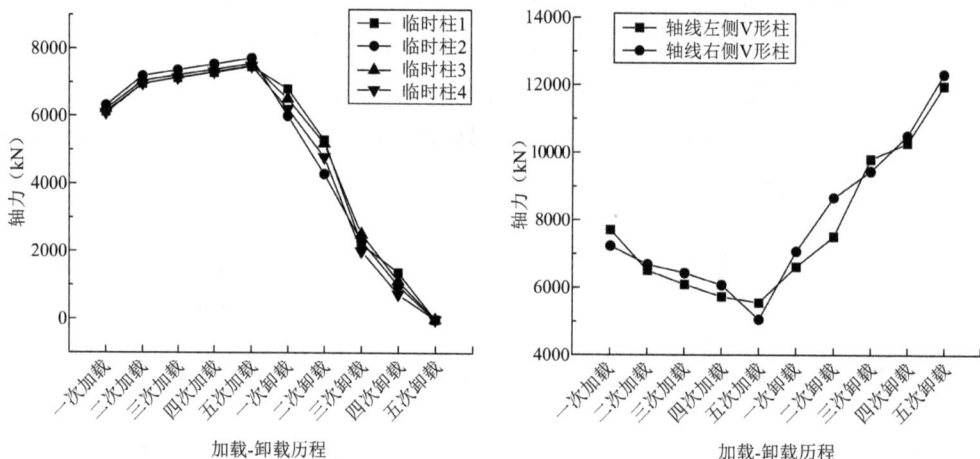

图 7-7　第一批次体系转换临时柱轴力变化曲线　图 7-8　第一批次体系转换 V 形柱轴力变化曲线

本节主要以第一批次体系转换的结构监测数据为例，详细分析了整个加卸载过程中关键构件的内力、变形变化曲线。从分析结果可知，由于结构关于轴线对称分布且体系转换时加卸载较为同步，位于轴线两侧的临时柱与 V 形柱变化趋势都比较相近。在整个加卸载过程中，每次操作均未引发内力与变形的突变情况，这充分表明该加卸载过程是合理的。加载阶段完成后，临时柱轴力与柱顶位移均小于设计值；卸载阶段完成后，V 形柱轴力同样小于设计值。这一系列数据有力地证明了在整个转换过程中，结构始终处于安全状态，各项性能指标均符合设计预期。

7.3.3　监测值与数值模拟计算值对比分析

7.3.1 和 7.3.2 节着重对第一批次体系转换加卸载过程的监测数据进行了分析。本节选取黄木岗综合交通枢纽中区 V 形柱的 4 批体系转换监测数据的全过程，与数值模拟数据进行对比，具体情况如图 7-9 所示。经对比发现，对于 V 形柱的轴力而言，数值模拟结果与实际监测数据存在较大差异，数值模拟结果总体大于实际监测数据。这主要是因为在建立模型时，施加的荷载是按设计荷载进行的，而实际结构所承担的荷载可能未达到设计值。不过，两者总体变化规律相似，且轴力增加值相近。其中，V 形柱轴力的数值模拟结果最终增幅达 108%，现场实测结果最终增幅达 150%。在顶升临时柱阶段，由于临时柱承受了更多荷载，V 形柱轴力减小；而在卸载临时柱后，V 形柱轴力大幅增加。在顶板的应力和竖向位移方面，监测数据与模拟数据相差不大。应力误差最大的情况出现在结构第一次顶升时，相差 −1.83MPa，这可能是由于该测点处于第一次顶升的临时支撑处，受其影响产生较大波动。板的竖向位移在最终卸载状态下相差最大，为 5.4mm，同样由于模型施加的竖向荷载偏大，致使数值模拟数据整体大于实测数据。从体系转换全过程来看，结构的内力和位移始终处于动态变化之中，每一批次的体系转换都会对其他已完成转换的结构产生影响。

总体而言，关键构件的内力、变形情况，在现场监测结果与数值模拟结果中呈现出相似的规律，均呈阶梯性增加态势。同时，监测数据与模拟数据在加卸载过程中的增幅相差不大，这验证了数值模拟的正确性。此外，监测过程中的内力均处于结构设计的范围之内，这也表明通过数值模拟所提出的体系转换方案具备合理性与安全性。

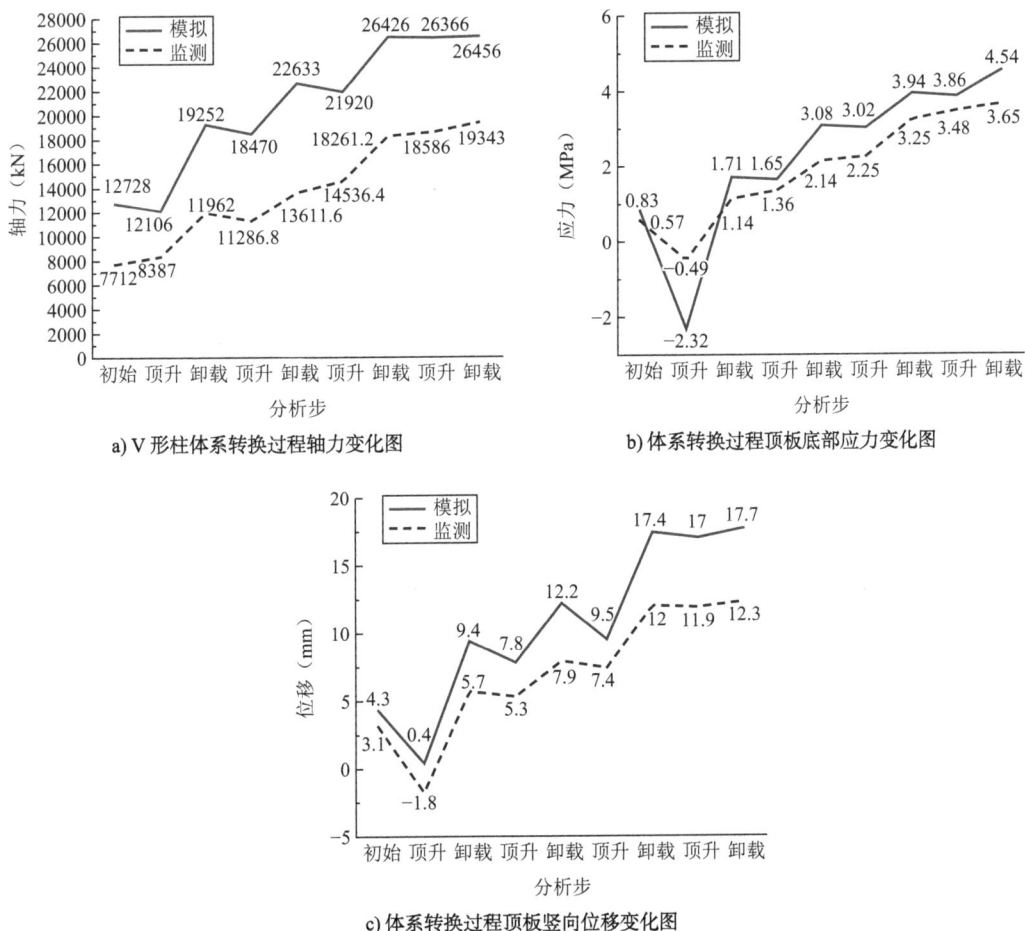

a) V 形柱体系转换过程轴力变化图

b) 体系转换过程顶板底部应力变化图

c) 体系转换过程顶板竖向位移变化图

图 7-9　体系转换全过程监测数据与数值模拟结果对比图

7.4 本章小结

本章基于地下 V 形柱结构体系转换过程的数值模拟结果,制定出了一套 V 形柱结构体系转换时的位移与内力监测方案。运用测量智能机器人,对关键构件在结构体系转换过程中的内力、变形情况展开实时监测,得到了地下 V 形柱空间结构在体系转换过程中的位移、内力变化规律,并验证了所提出结构体系转换方案的合理性。结论如下:通过位移、内力监测方案,对关键构件在结构体系转换过程中的内力、变形变化开展实时监测。对比监测结果与模拟结果发现,在体系转换过程中,关键构件的应力与位移变化平缓且规律相似,均呈阶梯式增加。与此同时,监测数据与模拟数据在体系转换前后的增幅相近,验证了数值模拟的合理性。监测过程中的内力均处于结构设计所规定的范围之内,这充分表明,通过数值模拟所提出的体系转换方案不仅合理,而且具备高度的安全性,能够为实际工程提供可靠的指导和保障。

第 8 章

总结与展望

8.1 主要研究内容

本文针对地下大型 V 形柱空间结构体系的施工关键技术进行了深入研究，综合运用理论分析、数值模拟和现场监测等多种方法，对 V 形柱的受力性能、施工精度控制、结构体系转换以及施工误差等方面进行了系统的研究。主要研究内容为：

（1）通过理论分析和数值模拟，研究了地下 V 形柱结构体系在竖向荷载和水平土压力作用下的内力分布模式。揭示了 V 形柱倾角变化对结构受力性能的影响，推导了 V 形柱的抗压刚度与抗侧刚度计算公式，并建立了整体结构分析模型。

（2）针对施工过程中的精度控制问题，本文提出了一套适用于地下 V 形柱分段精准拼装的施工方法和控制技术，并通过确定性与随机性分析方法，探讨了 V 形柱拼接节点误差对地下空间结构性能的影响规律。

（3）以单榀倾角为 13°的 V 形柱框架结构为研究对象，定量分析了不同节点、不同方向的误差影响效应，通过随机性分析，对多个节点误差进行组合，揭示了多节点组合效应的影响规律，以及这种效应对结构安全性的潜在影响。

（4）基于概率设计方法，建立了节点误差的概率分布模型，并通过蒙特卡罗随机抽样，进行了敏感性分析和可靠性分析。研究了节点误差对结构极限承载力的影响，并提出了最大等效应力控制时的误差限值。

（5）提出了适用于地下 V 形柱结构体系的转换方案，并通过有限元计算验证了结构转换方案的可行性与安全性。同时，制定了合理的平台搭设方案和结构拆除顺序，以及对临时空洞的封闭方案，优化了 V 形柱施工的方法。

（6）基于仿真分析结论，制定了现场测点布置方案，对结构体系转换过程中关键构件、关键位置的内力、位移等进行实时监测。通过自动化监测，揭示了地下 V 形柱空间结构在体系转化过程中的位移和内力变化规律，并验证了结构体系转换方案的合理性。

8.2 不足与展望

本文综合运用理论分析、数值模拟以及现场监测相结合的方法，针对大型地下 V 形柱结构体系施工控制中的关键技术进行了深入研究。然而，此次研究仍存在诸多有待完善之处，同时也有着广阔的未来发展空间，具体内容如下：

（1）本文已清晰界定了此类大型 V 形柱地下结构体系中的危险构件，如 V 形柱中间梁（处于拉弯受力状态，且受节点误差影响大）、V 形柱与梁的连接节点（存在复杂的应力状态）、顶升部位以及跨中处板（存在开裂风险）。在后续的研究与工程实践中，可针对这些危险构件的受力状态，有针对性地采取强化措施，以提升结构的安全性与可靠性。

（2）在开展数值模拟工作时，为了简化计算，对模型进行了一定程度的简化。这种简化可能会在一定程度上影响模拟结果的精确性。在未来的研究中，可考虑纳入更为复杂的实际工况，涵盖更详细的地质条件、施工过程中的临时支撑体系以及多种荷载组合情况。

（3）尽管本文对 V 形柱拼接节点误差进行了分析探讨，但在结构体系转换的分析过程中，尚未完全考虑施工误差的影响。未来的研究可将施工误差作为一个关键因素，纳入到结构体系转换模型中，以更准确地评估其对结构性能的影响。

（4）未来可进一步加强对 V 形柱设计原理、计算方法等基础理论方面的研究，不断完善其理论体系。同时，积极探索 V 形柱在其他领域的应用潜力，如桥梁工程、隧道工程等，拓展其应用范围，为工程建设提供更多的结构选择和创新思路。

（5）随着智能建造技术的发展，未来的研究可以深入探索如何将机器人技术、自动化监测技术及智能控制系统有机集成到 V 形柱的施工过程中，以提高施工精度和效率。

（6）开展新型建筑材料和先进施工技术在 V 形柱中的应用研究，例如高性能混凝土、新型钢材以及先进的连接技术等，以提高结构的承载能力和耐久性。

（7）积极鼓励土木工程、材料科学、计算机科学和环境工程等多学科之间的交叉合作与融合，以促进 V 形柱结构体系的创新发展。

参 考 文 献

[1] 覃川. 支承于 V 型钢柱上的大跨度加强桁架分段吊装技术[D]. 重庆: 重庆大学, 2012.

[2] 茅於川, 尤亚平. 高层建筑 V 形柱式结构转换[J]. 建筑科学, 2001, 17(1): 38-41.

[3] 韩宝明, 李亚为, 鲁放, 等. 2021 年世界城市轨道交通运营统计与分析综述[J]. 都市快轨交通, 2022, 35(1): 5-11.

[4] 王永春, 丁洁民, 何志军. 梭形超高层筒中筒结构的受力特性分析[J]. 建筑结构, 2006, 36(9): 52-54, 99.

[5] 刘瑞军. V 型柱式转换结构的有限元分析[D]. 兰州: 兰州理工大学, 2009.

[6] 王文. 超高层建筑中斜柱影响及措施研究[D]. 哈尔滨: 哈尔滨工业大学, 2012.

[7] HANSAPINYO C, BUACHART C, WONGMATAR P, et al. Nonlinear FEM analysis of inclined concrete-filled steel tube columns under vertical cyclic load[J]. IOP Conference Series: Materials Science and Engineering, 2018, 453(1): 113-119.

[8] 王锦文, 马镇炎, 赵雪峰, 等. 旋转斜柱框架-核心筒超高层结构受力分析与设计[J]. 建筑结构, 2020, 50(16): 34-40.

[9] 杨霄, 崔娟, 苗磊, 等. 某连续变向斜柱高层办公楼结构设计研究[J]. 建筑结构, 2022, 52(18): 53-59, 137.

[10] 江韩, 赵学斐, 刘金龙, 等. 框架-核心筒超高层结构中框架斜柱的受力分析与相关设计[J]. 建筑结构, 2022, 52(5): 99-106.

[11] HASSAN R F, AL-SALIM N H, MOHAMMED N S, et al. Experimental study on performance of steel fiber-reinforced concrete v-shaped columns[J]. Buildings, 2021, 11(12): 648.

[12] 董一桥, 刘志强, 何喜, 等. 高烈度区某旋转斜柱框架-核心筒超限高层结构设计要点分析[J]. 建筑结构, 2023, 53(15): 96-104, 33.

[13] 贾天悦, 杨永睿, 孙海林, 等. 某科技文化中心斜柱框架-剪力墙结构设计[J]. 工程抗震与加固改造, 2024, 46(4): 148-155.

[14] 马艳, 马肖彤, 杨军, 等. 地铁上盖斜柱转换大跨度 RC 框架结构抗震能力分析[J]. 建筑科学, 2024, 40(5): 186-194.

[15] 于森林, 李环禹, 韦劲宏, 等. "波力城潜" 重庆旗舰馆结构设计[J]. 建筑结构, 2024, 54(18): 36-41.

[16] SUDEEP H Y, UJWAL S M, PURUSHOTHAM R K, et al. Evaluating the impact of V-shaped columns on the dynamic behavior of RC buildings on sloped ground[J]. Asian Journal of Civil Engineering, 2024(25): 6203-6214.

[17] SHAO J H, WANG Z H, TAO G Y. Research on the unloading process of long-span steel roof and the design of temporary bracing structure[J]. Advanced Materials Research, 2011, 163: 251-258.

[18] 田黎敏, 郝际平, 方敏勇, 等. 提前卸载临时支撑对大跨度空间结构施工过程的影响分析[J]. 建筑钢结构进展, 2013, 15(2): 52-56.

[19] 孙玉辉. 大跨度钢屋盖施工全过程数值模拟与施工监控[D]. 武汉: 武汉理工大学, 2015.

[20] WAN H Y, YUAN R, CHEN A Y. Numerical simulation and application of unloading clearance element method for temporary bracing of long-span orthogonal space truss structures[C]//Proceedings of IASS Annual Symposia. International Association for Shell and Spatial Structures (IASS), 2019.

[21] 王秀丽, 杨本学. 大跨度空间桁架结构卸载过程模拟分析与监测[J]. 建筑科学, 2018, 34(3): 105-110.

[22] 孙学根, 牛忠荣, 李兆峰, 等. 大跨度空间结构卸载过程模拟分析与监测[J]. 建筑结构, 2018, 48(11): 70-77.

[23] 高颖, 傅学怡, 杨想兵. 济南奥体中心体育场钢结构支撑卸载全过程模拟[J]. 空间结构, 2009, 15(1): 20-26, 34.

[24] 杨会伟, 董经民, 郑芳俊, 等. 高耸结构临时支撑卸载过程的数值模拟与监测: 以北疆明珠塔为例[J]. 太原理工大学学报, 2021, 52(6): 981-989.

[25] 刘文超, 葛军, 孙国军, 等. 新型大跨度异形曲面钢-木组合结构临时支撑卸载计算分析[J]. 建筑结构, 2023, 53(S2): 521-525.

[26] 张玉兰, 陈志华, 刘永建, 等. 大跨度钢结构施工临时支撑体系及结构体系转换技术研究[C]//大型复杂钢结构建筑工程施工新技术与应用论文集, 2012.

[27] 严再春. 大型地下室核心结构体系转换过程中的仿真分析与施工监测[J]. 建筑施工, 2015, 37(3): 371-374.

[28] 胡桂良. 某异形空间曲面钢结构支撑卸载分析研究[D]. 广州: 广州大学, 2016.

[29] ZENG F K, LIU X B. Mechanical behavior experiment research on the temporary support structure in building construction[J]. Advanced Materials Research, 2011, 163: 1143-1146.

[30] LI Z X. Structure mechanics analysis with different construction schemes in large-span space grid structure[J]. Advanced Materials Research, 2013, 788: 534-537.

[31] ZHENG J, HAO J P. Mechanics simulation and analysis of the main palaestra of the world university games during the unloading process[J]. Advanced Materials Research, 2012, 594: 657-661.

[32] CUI X, YE M, ZHUANG Y. Performance of a foundation pit supported by bored piles and steel struts: A case study[J]. Soils and Foundations, 2018, 58(4): 1016-1027.

[33] 李赵九. 拱盖法暗挖地铁车站主体与附属结构支护体系转换施工技术研究[J]. 现代隧道技术, 2019, 56(S2): 638-646.

[34] 程鹏, 高毅, 于少辉, 等. 结构分割转换工法结构体系安全性分析[J]. 隧道建设 (中英文), 2019, 39(3): 435-443.

[35] 秦学锋, 侯文崎, 林泓志, 等. 多重体系转换对大跨无柱地下空间结构力学行为影响[J]. 铁道科学与工程学报, 2021, 18(10): 2703-2714.

[36] 林泓志, 侯文崎, 秦学锋, 等. 大跨度无柱地下车站临时支撑卸载方案优化与现场监测[J]. 建筑结构学报, 2023, 44(3): 294-302.

[37] KANI I M, MCCONNEL R E, SEE T. The Analysis and Testing of a Single-Layer, Shallow Braced Dome[Z]. 1984.

[38] 袁继胜. 钢结构加工和安装偏差对结构性能影响[D]. 郑州: 郑州大学, 2010.

[39] 李小艳. 钢结构结构性能对加工和安装的敏感性研究[D]. 郑州: 郑州大学, 2011.

[40] 刘文政, 李成才. 多层钢框架柱身垂直度偏差对结构性能影响分析[J]. 工程抗震与加固改造, 2014, 36(4): 44-49.

[41] LIU H, ZHANG W, YUAN H. Structural stability analysis of single-layer reticulated shells with stochastic imperfections[J]. Engineering Structures, 2016, 124: 473-479.

[42] 李武, 孔德玉, 唐德琪, 等. 基于三维激光扫描及 BIM 的装配式混凝土结构施工安装偏差研究[J]. 建筑结构, 2020, 50(S2): 484-488.

[43] 唐秋霞, 李军, 郭峰旭, 等. 安装偏差对胶合木梁柱植筋节点受弯承载力的影响[J]. 土木与环境工程学报(中英文), 2024, 46(2): 1-9.

[44] 陈联盟, 姜智超, 高伟冯, 等. 基于可靠度理论的索杆预张力结构支座节点施工误差分析[J]. 空间结构, 2020, 26(1): 3-9.

[45] CHEN L M, HU D, GAO W F, et al. Support node construction error analysis of a cable-strut tensile structure based on the reliability theory[J]. Advances in structural engineering, 2018, 21(10): 1553-1561.

[46] 吕超力. Levy 型索穹顶的敏感性分析及结构改进[D]. 杭州: 浙江大学, 2008.

[47] 田广宇, 郭彦林, 张博浩, 等. 宝安体育场车辐式屋盖结构施工误差敏感性试验及误差限值控制方法研究[J]. 建筑结构学报, 2011, 32(3): 11-18.

[48] 徐忠根, 梁广贤, 邓长根. 定位轴线存在偏差的外传力钢框架节点传力板参数分析[J]. 建筑科学与工程学报, 2015, 32(2): 42-51.

[49] 王皓. 考虑初始几何缺陷随机场的单层网壳结构随机稳定性研究[D]. 长沙: 湖南大学, 2021.

[50] LUO B, SUN Y, GUO Z X, et al. Multiple random-error effect analysis of cable length and tension of cable−strut tensile structure[J]. Advances in Structural Engineering, 2016, 19(8): 1289-1301.

[51] 李会军, 王超, 肖姚. 随机节点位置安装偏差与杆件偏心对单层球面网壳承载力的影响研究[J]. 建筑结构学报, 2020, 41(2): 134-141.

[52] 李会军, 肖姚, 熊海滨, 等. 杆件长度随机偏差对 K6 型单层球面网壳稳定承载力的影响研究[J]. 空间结构, 2019, 25(3): 30-37.

[53] 李会军, 王超, 肖姚. 随机杆件偏心对 K6 单层球面网壳承载力的影响研究[J]. 建筑钢结构进展, 2019, 21(6): 72-79.

[54] 施功. 机场航站楼拱-桁架支撑体系屋盖的设计与施工研究[D]. 上海: 同济大学, 2007.

[55] 张祥. 单层轮辐式索结构制作安装误差影响分析[D]. 北京: 北京工业大学, 2018.

[56] WANG Z, SHI G, LIU Z, et al. Effect of construction errors in cable forces of single-story orthogonal cable network structures based on GA-BPNN[J]. Buildings, 2022, 12(12): 2253.

[57] 王秀丽, 王康, 张孝斌, 等. 考虑施工误差的大开孔悬挑网壳结构稳定性[J]. 空间结构, 2021, 27(4): 21-27.

[58] 王哲, 朱忠义, 王玮, 等. 国家速滑馆施工误差对索结构预应力偏差的影响研究[J]. 建筑结构, 2021, 51(19): 111-115.

[59] 霍静思, 陈日正, 魏振, 等. 预制装配式组合梁栓钉连接件构造优化与安装误差影响试验研究[J]. 建筑钢结构进展, 2023, 25(7): 23-31.

[60] 史国梁, 刘占省, 路德春, 等. 索桁架结构施工误差评估的孪生仿真与模型试验[J]. 建筑结构学报, 2024, 45(4): 107-119.

[61] 许鹏. 复杂地质下的大跨度异性钢结构竖向转体施工技术研究[J]. 建筑机械, 2023(8): 34-38.

[62] 范学伟, 胡纯炀, 范重, 等. 国家网球馆 "钻石球场" 混凝土结构设计[J]. 建筑结构, 2013, 43(4): 19-25.

[63] 范圣刚, 舒赣平, 姚一丹, 等. 南京奥体新闻科技中心整体分析及钢屋盖设计[J]. 建筑结构, 2005(11): 43-47.

[64] 刘松华, 任志彬, 毕磊, 等. 东平体育中心结构设计[J]. 建筑结构, 2014, 44(15): 19-23.

[65] 中华人民共和国住房和城乡建设部. 建筑结构荷载规范: GB 50009—2012[S]. 北京: 中国建筑工业出版社, 2012.

[66] 中华人民共和国住房和城乡建设部. 钢结构工程施工质量验收标准: GB 50205—2020[S]. 北京: 中国计划出版社, 2020.

[67] 李孝品, 杨宇, 田根起, 等. 基于蒙特卡洛法的透平轮盘寿命计算及可靠性分析[J]. 动力工程学报, 2023, 43(11): 1434-1439, 1530.

[68] REN W, ZHAO J. Probabilistic collapse analysis of steel frame structures exposed to fire scenarios[J]. Journal of Zhejiang University-SCIENCE A, 2021, 22(3): 195-206.

[69] CHANG H, LU S, SUN Y, et al. Multi-objective optimization of liquid silica array lenses based on Latin hypercube sampling and constrained generative inverse design networks[J]. Polymers, 2023, 15(3): 499.

[70] 住房和城乡建设部. 建筑结构可靠性设计统一标准: GB 50068—2018[S]. 北京: 中国建筑工业出版社, 2018.

[71] 王光远. 论时变结构力学[J]. 土木工程学报, 2000(6): 105-108.

[72] 曹志远. 土木工程分析的施工力学与时变力学基础[J]. 土木工程学报, 2001(3): 41-46.